全国技工院校计算机类专业教材（中级技能层级）

网页设计与制作

人力资源社会保障部教材办公室组织编写

中国劳动社会保障出版社

图书在版编目(CIP)数据

网页设计与制作/人力资源社会保障部教材办公室组织编写. -- 北京：中国劳动社会保障出版社，2019

全国技工院校计算机类专业教材. 中级技能层级

ISBN 978-7-5167-3786-6

Ⅰ. ①网… Ⅱ. ①人… Ⅲ. ①网页制作工具-中等专业学校-教材 Ⅳ. ①TP393.092.2

中国版本图书馆 CIP 数据核字(2019)第 026038 号

中国劳动社会保障出版社出版发行

（北京市惠新东街 1 号 邮政编码：100029）

*

北京中科印刷有限公司印刷装订 新华书店经销

787 毫米×1092 毫米 16 开本 10.5 印张 232 千字

2019 年 3 月第 1 版 2025 年 11 月第 7 次印刷

定价：19.00 元

营销中心电话：400-606-6496

出版社网址：http://www.class.com.cn

http://jg.class.com.cn

修订说明

《网页设计与制作》教材自2003年出版发行以来，长期服务于全国各技工院校计算机类相关专业课程的教学，得到广泛使用，受到了师生的普遍好评。为了更好地适应全国技工院校计算机类专业的教学要求，在充分收集各技工院校使用意见的基础上，我们依据人力资源社会保障部颁发的《技工院校计算机类通用专业课教学大纲（2015）》的有关要求，对本教材进行了修订，主要包括根据技术发展现状更新了部分教学内容、订正了个别技术问题等。

本修订教材由叶矿主编，秦文文、叶娴参加编写。

人力资源社会保障部教材办公室

2018年11月

前　言

随着计算机技术的迅猛发展，计算机已广泛地应用于社会生活各个领域，掌握计算机操作技能已经成为高素质劳动者的必备条件。为适应这一要求，职业技术学校的计算机教育日趋普及和完善，逐渐由专业设置单一、硬件设备落后、师资力量薄弱，向专业设置全面、硬件设备先进、师资专业化的方向发展。为适应职业技术学校计算机教学的需要，劳动和社会保障部培训就业司于2002年8月颁发了《计算机专业教学计划与教学大纲》。

《计算机专业教学计划与教学大纲》中设置了5个专业教学模块，包括：计算机办公应用、计算机组装与调试、计算机多媒体技术、计算机网络技术、计算机程序编写。每个专业方向均设置了20余门课程。课程设置体现了较大的灵活性，为各职业学校根据本地、本校的实际情况开展计算机教学创造了良好的条件。

根据部颁教学计划及相关课程的教学大纲，劳动和社会保障部教材办公室组织了计算机专业教材的开发工作，并在开发工作中始终坚持以下几个原则。

第一，坚持以能力为本位，重视实践能力的培养，突出职业教育的特色。根据计算机专业毕业生所从事职业以及劳动力市场的实际需要，确定学生应具备的能力结构与知识结构，在保证学生必备专业基础知识的同时，加强实践性教学内容。

第二，充分考虑计算机技术的发展，体现教材的先进性，以保证学生所学技能在实际工作中得以运用。在教材中力求介绍最新的计算机技术及其应用，对于常用的计算机软件力求选用最新的版本。

第三，注重教材的系统化、模块化。既注重教材的系统化，体现计算机专业教学的基本规律，又注重教材的模块化，以最大限度地方便学校对教材的选用。

第四，贯彻国家关于职业资格证书与学业证书并重的政策，教材内容力求涵盖相关国家职业标准（中级）的知识和技能要求，以保证毕业生达到中级技能人才的培养目标。

这次教材的开发工作得到了北京、天津、辽宁、江苏、浙江、福建、江西、山东、河南、湖北、湖南、广东、四川、陕西、安徽、广西、内蒙古等省、直辖市、自治区劳动和社会保障厅（局）以及有关学校的大力支持，对此，我们表示诚挚的谢意。

劳动和社会保障部教材办公室

2002年10月

本书是根据劳动和社会保障部培训就业司颁发的《计算机专业教学计划与教学大纲》编写的。主要内容有：站点和网页的设计原则及设计方法、网页素材的收集及加工处理方法、FrontPage XP 的操作界面、创建站点和网页的方法、运用表格编排网页版面的技巧、网页基本元素的编辑要领、各类超链接的设置方法、动态 Web 组件和动态 HTML 效果等的运用技巧、有关共享页面的设计技巧、表单的应用、HTML 代码的初步解读、网页脚本程序的应用、CGI 和 ASP 基本知识的简介、站点发布和网页上传的方法、其他著名网页制作工具的基本操作简介等。

本书是中等职业技术学校计算机专业教材，也可作为职业技术学院的计算机专业教材，还可供职业培训和计算机用户自学使用。

本书由汤永进主编，欧阳广主审。

目　　录

第 1 章 网页制作的初始工作

1-1 站点和网页的设计

一、有关网页的基本知识

1. Internet 与 WWW

Internet（通常译作因特网或国际互联网）是一个遍布全球的超级计算机互联网络。Internet 的发展极为迅速，其具有快捷方便、多媒体手段丰富和即时交互性强等特点，是一种应用极为广泛的信息传播媒体。

WWW（为 World Wide Web 的缩写，译作万维网）是 Internet 的一个发展阶段，其基本特征是网上的各种信息皆以有地址的站点和网页为载体相互链接，可以很方便地通过单击鼠标从一页搜寻到另一页，实现快速高效的信息资源共享。

在 Internet 发展的早期，参与联网的计算机只是单纯的物理连接，各机之间要传递信息必须进行原始的点对点预约和登录，需要输入烦琐的命令才能调看到其他机上的信息。计算机硬件和软件的飞速发展，特别是 Windows 操作系统平台的全面普及，使图形界面的网页得以诞生而迎来了 WWW 时代，以超链接为纽带形成的超文本使人们能够方便迅速地传递和调用远端信息。

2. 超文本与超链接

WWW 上相互关联着的一页页信息称为超文本，其关联方法就是超链接。

超文本不是单纯的文本信息，而是由文字、声音、图像和视频等共同构成的综合信息。另外，超文本也不像普通文本那样以简单堆砌的方式成页，而是依靠“超文本标记语言(HTML)”以类似编程的方法来构筑页面。当人们用浏览器软件打开超文本文件时，文件中的 HTML 代码便被一条条地加以解释执行，从而将所要显示的信息按一定格式输出到屏幕(或音箱等其他输出设备）上去。

超链接是 HTML 代码中的一组特殊代码，形成一个类似于 Windows 快捷方式的指针，专门负责指向其他网页或文件的地址。当设置了超链接代码后，在浏览器中单击该代码所显示的信息，便会打开该超链接所指向的文件。这种超链接技术的应用，使得超文本信息能够在

WWW 上非常便捷地传递。

必须注意的是，超文本和超文本文件是两个有区别的概念。超文本文件（其扩展名通常是 htm 或 html）中存放的是超文本中的文字信息，而图像、视频和音频等多媒体类信息是另以文件（其常见扩展名有 jpg、gif、swf、mid 等）附存的，在超文本文件中只含有指向这些附存文件的标记。一个网页是由至少一个超文本文件和附在其周围的多个其他类型文件所组成的，这与一篇普通文稿通常只存为一个文件（如 doc 或 ppt 等文件）有所不同。

3. 站点与网页

在 WWW 上，存放信息的最基本单位是网页（Web），若干紧密相关的网页组成一个站点（又称网站）。同一站点中的网页通常都集中存放在同一个 Internet 文件服务器（又称 Web 服务器）上，其中有一页是整个站点主要内容的索引页，称为首页或主页。首页外的各页称为从页或分页。

WWW 上的每个站点都有一个在全球绝无重复的域名地址，如著名门户网站“搜狐”的域名为 www. sohu. com，只要在浏览器的地址栏输入 www. sohu. com，回车后便可进入“搜狐”首页。大多数站点都默认输入站点域名即进入其首页，但也有少数站点是先进入一个过渡页（或称扉页，通常是显示一些欢迎词），再进入其首页。

各站点中的每一个网页都有自己的 URL（Uniform Resource Locator，即“统一资源定位符”）地址，它包含的信息指出文件的位置以及浏览器应该怎样处理它。

有必要指出的是，网络方面的某些名词有着多种含义。如“网站”一词就有狭义和广义之别：狭义的“网站”与“站点”同义，其内涵仅涉及网页；而广义的“网站”要比“站点”的概念更大，不但包括构成本站的网页，还包括存放本站的服务器等硬件设施。网络服务商（ISP）建立的网站肯定是指后者，而个人建立的网站一般就是单纯的站点，需要到 ISP 网站上申请站点存放空间。

另一常用名词“主页”也有着双重含义：其一仅是首页的别称，其二是所有网页的通称。如某页上设有一个“返回主页”的超链接，应理解为返回首页。而某页面上的一个栏目叫作“主页制作”，则肯定是在讲授所有网页的制作技巧。

图 1—1 列举了一个简单的个人站点的组成情况，从中可以领会相关概念的区别与联系。该站点由三个网页组成：第一页是其首页（或主页），显示主页名称（本站点的名称）和后续各页的索引目录；后两页为从页（或分页），各自有本页名称和具体的内容。首页与各页间设有相互跳转的超链接（有下划线的部位）。所有各页又都可泛称为主页，故为避免混淆在各从页中均称第一页为首页。

张三的主页

欢迎进入我的网上之家！

请点击观看：

自我介绍

精选相册

自我介绍

姓名	张三
网名	小灵童
……	……

返回首页

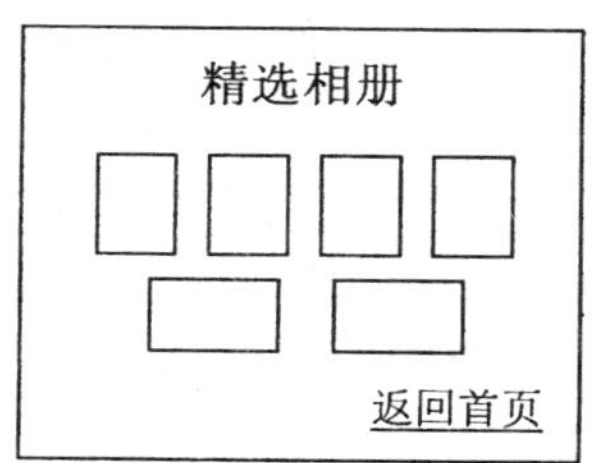

图 1—1　简单的个人站点的组成情况

在与网络相关的文稿和软件中，常将英文单词“Web”夹杂于中文中而不译出，这是因为其既有“网络”，又有“网站”或“网页”的含义，不译出更达意。网络操作中的常见名词“Web 方式”，即页面操作方式，意思是该操作要登录到某网站的相关页面才能进行。网页制作中常用到的“Web组件”即在整个网络上跨平台通用的一类预先制作好的多媒体信息展示模块，存放于系统中供制作者调用。

4. 网页的浏览器和编辑器

浏览器是解释网页代码与显示网页内容的软件。目前，最常用的浏览器是微软公司的 Internet Explorer（简称 IE），其他较知名的浏览器还有 Chrome、Opera、Firefox 等。不同浏览器对网页代码的解释范围有一定的差异，故对同一个网页的显示效果也会有所不同。在设计制作网页时，应尽量使用得到主流浏览器良好支持的代码或效果设置。

编辑器是用来制作网页的软件。FrontPage XP 为微软 Office XP 组件之一，其操作简单易学，适合初学者运用；Dreamweaver 是另一个更为专业的网页制作软件，在网页元素定位和支持网页脚本程序方面有其独到之处。

这些编辑器都具有所见即所得的特点，也就是可以绕过对网页代码的编程式编辑，而采用单击拖放等直观手段来编辑页面效果，软件系统会自动生成网页代码。当然自动生成的代码在很多情况下并非是最优化的代码组合，在对网页代码有了深入了解后，便可通过在编辑器中选择手工编辑部分代码的方式来更为精细地制作网页，这是成为网页制作高手的一个必要条件。

需要注意，同一种浏览器或编辑器存在着不同的版本，对于浏览或编辑的效果会产生一定的影响。

二、站点和网页的设计原则

要将站点及其网页设计并制作好，就要先掌握一些设计、制作所要遵循的原则。其基本原则主要有以下几点。

1. 合理的站点结构

一个站点通常是由多个网页构成的，但这些网页并不是一盘散沙，而是具有脉络清晰、层次分明的结构。这是一种倒置的树状结构，最顶部是站点的首页，在首页上链接若干一级网页，每个一级网页再链接若干二级网页……要使浏览者能沿着清晰明了的链接很快进入所要看的网页，并能方便地返回上一层网页或跳转到同层其他网页。

站点的结构不宜设计得过分复杂，除非是大型的综合性站点，对于普通中小型站点来说，其结构层次一般不超过三层。根据浏览心理学的研究统计，多数浏览者会对前往过深层次的网页失去耐心。故重要的网页宜放于较高的层次上，尽可能使之开门见山。若站点的网页较多，可充分运用导航栏或框架式网页技术使站点结构更加清晰。

2. 适宜的网页内容

一个网页能不能引起浏览者的兴趣，内容是关键。首先，各网页要有分工，每页都要有一个主题，避免将许多不同内容杂乱无章地塞在一个网页中。其次，各网页要做到内容充实，不能为拼凑页数而搞空架子。初学者最忌当某页内容不够时滥插图片来填充，造成该页内容空洞、网上下载速度慢。

一个网页不能做得过分冗长庞大，最好将该页满屏显示的长度控制在三屏以内，也就是进入该页后，最多按两次下翻页键（PageDown 键）就能看完。

网页中的文字内容要文笔流畅，可读性好，避免错别字和语法错误的出现。网页中的图片要小巧而清晰。除非是以图片为主的网页，否则不要在网页中插入过多或过大的图片。

虽然网络无国界，但在网页制作中一定要遵守法律法规，不得为招徕浏览者而放置或链接其他站点上的不良或违禁内容。

3. 良好的版面布局

排版是文字处理工作中的一个关键环节，在网页制作中则显得更加重要。因为只有好的内容还不够，还要将它们安排得当，才能在过客匆匆的网上吸引更多“眼球”。

对网页版面布局的要求，可归结为“16 字要诀”：脉络清晰、重点突显、整体平衡、富于变化。下面分别来阐述。

（1）脉络清晰。脉络清晰是指整个网页的版面看上去井井有条、没有凌乱的感觉。为了做到这一点，各文字块和图片周围一定要留有适当的边空，必要时可运用线条或花边加以分隔。此外，还必须注意要设置适宜的字体大小和行段间距，避免行距过紧或过松。

（2）重点突显。重点突显也就是主次分明。在综合性网页中至少应该有一个内容块设计得非常醒目，能使浏览者迅速注目。可用加大加粗标题、设置边框、选择不同的字色或底色等手段来突出网页的重点内容。对于有的底层页面只有一个内容块的情形，应将其标题部位加以突显。

（3）整体平衡。整体平衡就是从整体上看，各内容的布局要匀称，不能有的地方很挤而有的地方又显得很空。外形相近的内容也不要偏于一头，如要在一个矩形区域插两个图画，最好插到对角位置上（如一个位于左下、一个位于右上），这样就显得平衡匀称。

（4）富于变化。有的网页版面布局很均衡，但过于齐整、缺乏变化就会显得呆板。如果是文字，应将大块的和小块的、横排的和竖排的相交错；如果是图形，则应长扁方圆并用，静图和动画相间。使各局部变化无穷，整体均匀平衡，这才是优秀网页所追求的艺术境界。

另外要特别指出，初学者常过分追求网页的动态效果，滥用动画和滚动字幕，其实若满篇充斥运动着的对象，只能使浏览者眼花缭乱，容易疲劳，与增强局部显示效果的初衷背道而驰。

4. 高效的浏览性能

网页是放在网上供人浏览的，要求传输快速，观看舒适，操控方便。

（1）传输快速。为了提高传输速率应尽量使网页小巧一些，但又不能以过分牺牲内容为代价。由于网页中的声音、图片和视频等非文字部分对网页的大小起着决定性的作用，故要严格控制它们的数量和大小。若遇到必须采用较大图片的情形，可采用高压缩或交错格式的图片，或者将其裁切为若干小图拼合在一起，并对其中的非主要部位如远处的景物进行更多的压缩和优化处理；也可以先放入一个缩小的图作为预览，若浏览者单击了该图则再调入大尺寸的原图仔细观赏。

（2）观看舒适。浏览者长时间在网上冲浪容易产生视觉或者听觉疲劳，故在网页制作中，色调和明暗反差要柔和，文字不要过小，行距不能过紧，图片要明朗清晰，动画及滚动字幕不要过多、过小，速度不要过快，背景音乐应避免旋律刺耳或过于响亮等。

（3）操控方便。操控方便也就是人机界面要友好，每个网页都要将出口超链接设置得醒目，如采用鲜明的按钮，放在适宜的位置；对层次多的网页结构要设立导航栏或采用框架式网页，并随时标示浏览者所处的层次方位以防止其“迷路”；对于图片超链接还应加以必要的文字说明。

5. 正确的存储方式

一个站点中的网页文件（包括超文本文件、图片文件、视频文件和音频文件等）通常是很庞杂的，为了便于查找、更新和防止出现传输上的错误，在存储上有以下一些原则性的要求。

（1）整个站点的文件尽量集中存放于一个文件夹内，这个站点文件夹应在本机上长期保持相对固定，不要建立在系统盘等易遭到破坏的地方，并起一个比较醒目易辨的文件夹名。

（2）有几级网页便设立几级子文件夹，级别最高的首页及其相关文件直接放于站点文件夹的根部，其他各页均各自设立单独的子文件夹放置该页相关文件。例如，图 1—1 所示站点的例子就要设立两级共三个文件夹：首先是整个站点的文件夹（第一级），其内放置首页相关文件；再在该文件夹下设立两个子文件夹（第二级），分别放置两个从页的相关文件。

（3）首页的超文本文件的文件名一般不能随意选取，而要按照站点所在服务器系统的要求来选取。各站点首页的默认文件名常为 index. htm 或 index. html，在输入或单击站点域名后，服务器便能自动打开采用默认文件名的首页。

（4）因特网上的文件传输有时不能很好地支持中文文件名，如命名为“自我介绍 . htm”这种名字的网页文件在本机硬盘上或局域网上能自如地打开，但在因特网上却可能会出现“找不到文件”的错误。故应尽量用英文（或用汉语拼音的缩写）来命名文件。

（5）因特网上对英文文件名区分大小写，如在某网页中设定使用的某图片文件名是“001. gif”，而该图片实际取的文件名是“001. GIF”，则在本机上看并无问题，但到网上浏览便会出现“找不到该图片”的错误。故文件名的英文大小写一定要在各处都始终保持一致，建议均采用小写。

三、站点和网页的设计方法

1. 选择站点内容

网络界的一个流行观点是：站点的质量首先是由内容决定的，其次才是编排技巧。一个内容贫乏或缺乏更新的网站，无论其具有多么华丽的界面也不会长期吸引浏览者的视线。故设计站点的第一步就是做好内容的选择，其主要工作有以下几项。

（1）栏目的选择。选择栏目应根据站点的主题定位来进行。如果是情感交流性质的个人站点，一般要有“个人档案”“我的相册”“兴趣爱好”“心情文章”之类的栏目；如果是企事业单位的网站，则要设立“单位介绍”“××动态”“××成果”等专项栏目和各个下级单位的专属栏目；如果是专业性质（如商品展销或专门知识研讨）的公司或个人站点，就应围绕着本专题来设置栏目，避免夹杂毫不相干的内容。除非是大型综合性门户网站，一般的站点在栏目的选定上均宜精不宜滥、宜聚不宜散，也就是要尽量设置一些定位明确的典型栏目，过于相近的方面就应合为一栏，避免散而空的格局出现。

（2）具体内容的选择。为每一个栏目选择足够的合适内容，是网站建设的重要任务。网页内容应体现“新、奇、独、贵”四个字：“新”就是新鲜及时，能抢先发布信息；“奇”就是奇妙、不落俗套；“独”就是独家所采编的信息或原创作品；“贵”就是有价值、有分量，易吸引大量读者。内容的来源主要靠网页编制者对各种资源的悉心搜寻以及原创者的约投稿。

（3）表现形式的选择。如何表现同一个内容，也需精心选择。例如，要报道某项重大活动，可采用一行字的标题新闻、一个段落的简报、多段详细报道等形式，配合字形、字号、边框或颜色等的设置变化，运用滚动特效，配以插图、一段现场录音或视频剪辑等。对于文体的选择，除了通常的直叙文字，诗歌、漫画等形式也许更能引人注目。运用具有交互性的论坛、在线调查等也极能增加人气。

2. 编排站点的层次结构

有了丰富而又精彩的站点内容，还要将它们编排成清晰完整的多层结构，才便于制作和浏览。这个多层结构十分类似于 Windows 系统中的目录树，以首页为根基，按栏目逐渐向下分支，最后到达底层各页。

在正式展开网页的编辑制作之前，一定要先将本站点的层次结构编排设计好。下面列举一个编排实例来具体说明。

某站点是定位于网页制作教学与交流的专业性质网站，该站点的栏目设置如下。

（1）信息速递。该栏目登载有关网络技术发展的最新消息，集中于一页并采用滚动更新，也就是以最新的信息挤掉最旧的信息，而总的显示条数或显示区域大小相对固定。

（2）建站教程。该栏目登载有关站点设计与网页制作的系列教学文章，除了若干简短基础知识直接汇集于本页，其余大型文章则每文一页。

（3）技术交流。该栏目供浏览者在线讨论问题或投稿，时间上相近的多篇文章累积成一页，到了一定篇幅就重辟一页继续累积，旧页仍保留。

（4）疑难解答。该栏目采用问答形式解答网友提出的疑难问题，为使网站开通时该页能有一定篇幅，刚开始可放置若干条自问自答的内容做铺垫，成页方式与“技术交流”栏相同。

（5）软件下载。该栏目放置一些有关网页制作的工具软件，其链接集中于一页，每个软件各自压缩成一个压缩包文件。

（6）友情链接。该栏目制作一个与本站关系密切的其他站点的超链接列表，供网友快捷转往别处浏览。

该站点层次结构的编排如图 1—2 所示。

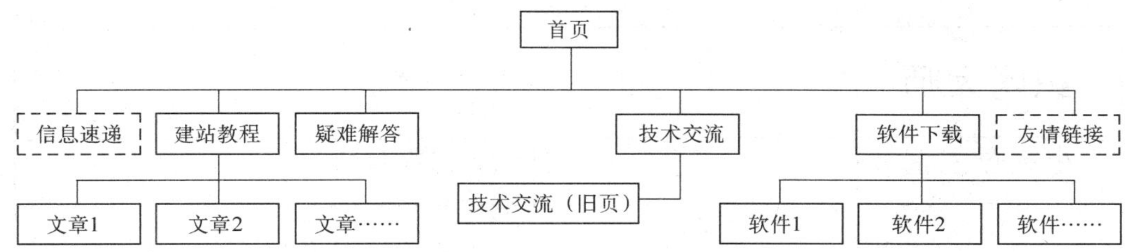

图 1—2　某站点层次结构的编排

图中的虚线框为不单独成页的栏目（其内容均包含于首页中），实线框除软件为压缩包文件外，其余均为单独的网页。

3. 编排网页版面

这是一步更为具体的工作，只有将各层次上确定下来的每一页都做好版面的编排规划，才能胸有成竹地上机去实施完成。网页版面的布局，可以说花样繁多、极富创造性。下面继续以图 1—2 所示网页制作教学与交流站点的首页为例，来说明版面编排的基本方法。

（1）排定本页标题的位置。网页特别是首页的标题通常应做得非常醒目，一般位于上方中央或左上角，也有放置于右上角、左侧或中部中央的。置于右侧或页底的则较罕见，因为靠右或靠下的位置容易被关在非最大化的浏览窗口之外。本页的标题也就是整个站点的标题，取名为“织网大师”，采用常规位置安放于左上角。

（2）排定主要栏目链接栏的位置。链接栏通常做成横条或竖条状，也有做成块状（表状）的，一般都置于网页标题的下方或侧旁。因本站栏目较少，其栏目链接栏就采用竖条状，置于标题下方左侧。

（3）排定本页主要内容栏及大图片的位置。要根据其形状和所占的面积大小来摆放，就跟编排黑板报的版面一样，要求尽量错落有致、富于变化。若有多个以文字为主的内容栏，就要运用长形、扁形、横排或竖排等不同形式来搭配；对于多个图片，可大小横竖相间排放。本页只有两个内容栏，即占位较大的“信息速递”和较细小的“友情链接”，可安排为一左一右并列放置。

（4）填充空位和修饰版面。主要内容定位后，还余下许多边角空位，可以用小图片、花边或滚动字幕条来填充，但切勿填得过满过紧。也可增添一些小栏目，如本页“友情链接”栏的下面空白较大，就设计了一个本站简介（主要内容导读）的小栏目来填补。

此外，在标题侧旁通常还留有一块放置网络广告的地方。在标题下一般要有横条状栏来加以衬托，该栏中放置栏目链接或欢迎词，或者插入一条水平线或花边。本页放置的是一条版主签名和一条滚动字幕欢迎词。

编排好的版面布局如图 1—3 所示。这只是在纸面上所做的粗略规划，在实际制作之前还要进一步细化，如安排各处的字体、字号、颜色和背景等。对于非首页，还要注意其区块划分应较首页简洁明快，越是下层网页越应这样，使浏览者感受到一种清净开阔的浏览氛围。

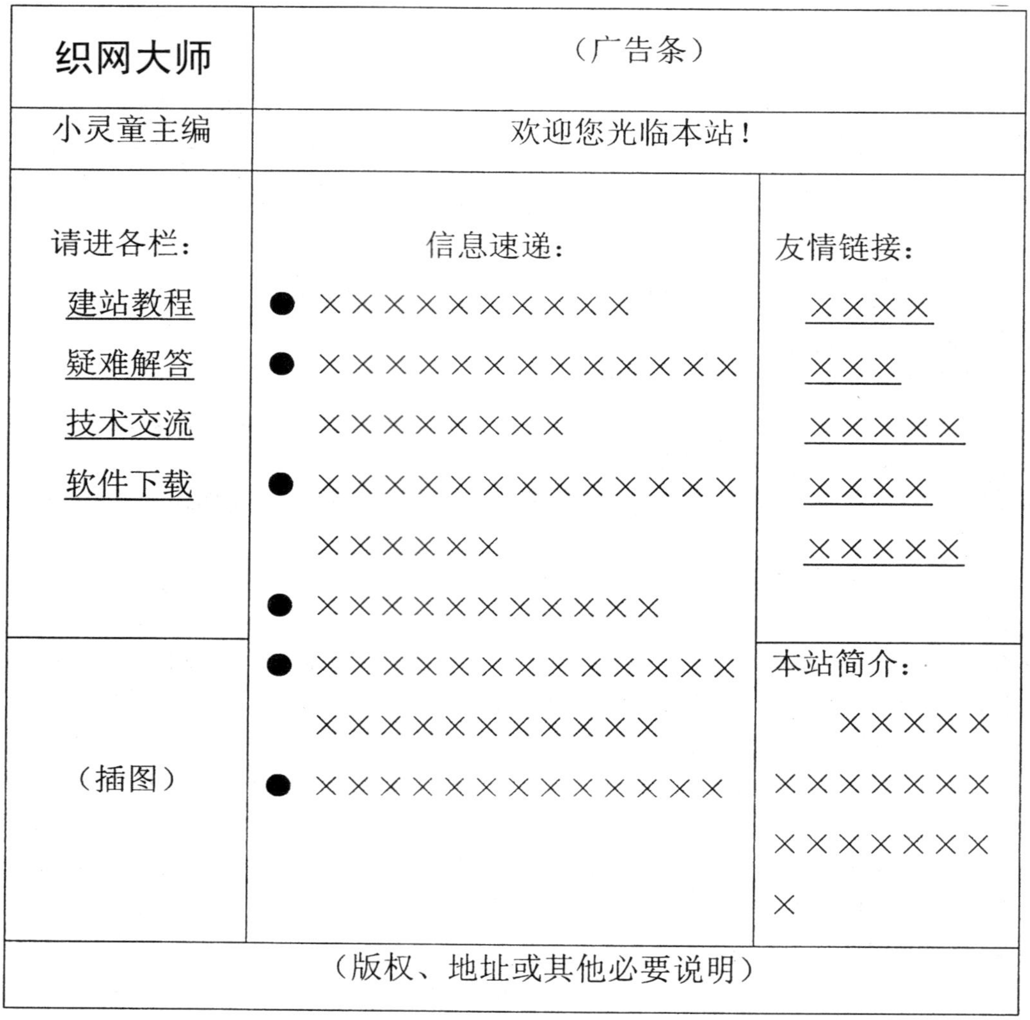

<table>
<tr><td>织网大师</td><td colspan="2">（广告条）</td></tr>
<tr><td>小灵童主编</td><td colspan="2">欢迎您光临本站！</td></tr>
<tr><td>请进各栏：
建站教程
疑难解答
技术交流
软件下载</td><td rowspan="2">信息速递：
● ××××××××××
● ×××××××××××××
××××××××
● ×××××××××××××
××××××
● ×××××××××××
● ×××××××××××××
×××××××××××
● ×××××××××××××</td><td>友情链接：
××××
×××
×××××
××××
×××××</td></tr>
<tr><td>（插图）</td><td>本站简介：
×××××
×××××××
×××××××
×</td></tr>
<tr><td colspan="3">（版权、地址或其他必要说明）</td></tr>
</table>

图 1—3　首页版面编排示例

1-2 网页素材的准备

设计出网站的主体架构并规划好各网页的基本版面后，还不能急于开始编辑制作网页，而必须下一番功夫去精心准备网页制作所需的各种素材，做好这一步工作能对网页制作起到事半功倍的作用。

一、网页素材的类型及收集

1. 网页素材的类型

如同一张成功的黑板报，精美的网页其内容必定是丰富多彩的。这些丰富多彩的网页内容是由文本、图像和声音这三大类素材构成的。文本、图像和声音又称为网页的三大组成元素。

（1）文本素材。文本素材种类繁多，网页中常用的有报道、评论、短篇小说、散文、诗歌、格言或警句，以及娱乐文字（如笑话、谜语、脑筋急转弯等），还有超链接类标题文字、配合图片的说明文字、宣传口号式的字幕等。

文本素材的来源，除了存在于书面，如书籍、报纸或杂志上外，在计算机中还常存在于扩展名为 doc（Word 或写字板文本）、wps（国产金山办公系统文本）、txt（记事本文本）和 htm（超文本）等的文件中。此外，在扩展名为 xls（电子表格文件）、ppt（演示文稿文件）、hlp（帮助文件）、eml（电子邮件文件）等的文件中也能获取一定的文本素材。

（2）图像素材。图像素材包括静态图片、动画和视频等。静态图片可分为卡通和照片等，动画又有二维动画和三维动画、无声动画和有声动画之分，视频又称为影像或影片等。

计算机图像按色彩可分为真彩（不低于 16 位色，也就是 65536 色）、伪彩（只能达到 256 色甚至 16 色）、灰度（无彩色而只有深浅不同的灰度级别）和黑白（只有纯黑或纯白两色）等类型。同样面积的图片，色彩越多其文件越大。在网页中，颜色数本身就少的卡通图片应存为伪彩级，而表现人像和风景的精细照片则应存储为真彩级。卡通与照片的区别在于前者是由绘画而得，后者是由拍摄而得。动画与视频的区别也在于前者主要由绘画而得，后者主要由拍摄而得，并且视频几乎都是有声音的。

计算机图像按存储格式又可分为多种类型，根据图像文件的扩展名即可知道其格式类型，不同的格式有各自的特点，应学会灵活应用。下面介绍一些在网页中常见的图像文件格式及其特点。

1）jpg（又作 jpeg）格式。其专业名称为文件交换格式，能以很高的压缩率存储图像信息，常用于存储面积较大的静态图片。由于这种格式采用的是“有损压缩”，即在存储过程中会将一部分表现图像细节的信息舍弃，故在存储前应根据实际需要选择适当的压缩率。

2）gif 格式。即可交换图片格式，也有较高的压缩率，其突出特点是支持背景透明存储和多帧链式存储，不足之处是颜色数最高只有 256 色，常用于存储面积较小的静态图片（特别是卡通图）和无声动画。

3）swf 格式。即数据流动画格式，又称 Flash 动画，是以边下载边显示的“流式”进行播放，并具有交互功能，如根据浏览者的点击选择下一步的播放内容，适于制作网上有声动画。

4）rm 格式。即超压缩视频格式，同样是以“流式”播放，且在视频类文件中其尺寸最小，常用于网站的视频点播节目。

此外还有无压缩存储高画质静态图片的 bmp 标准位图格式，用于低压缩存储高画质视频或有声动画的 avi 标准视频格式，用于高压缩存储视频的 mpg（又作 mpeg）视频压缩格式等。虽然它们的文件尺寸比前述格式要大，但随着传输速率更高的宽带网的普及，这几种格式也会在图像质量要求较高的场合中被用到。

（3）声音素材。声音素材又称音频素材，主要有音乐、歌曲和自然声响等。音乐即纯乐器之声，如钢琴曲；歌曲包括人声歌唱及其与乐器伴奏的合成；自然声响，如风雨声、动物或器物所发出的声响、文本朗读录音等。

网页中常见的声音文件格式如下。

1）mid（又作 midi）格式。即乐器数字录谱，是一种记录纯音乐的文件格式，其文件尺寸极小，适于做网页背景音乐。

2）wav 格式。即无压缩的标准波形记录文件，可高质量录制各种原声，但因文件尺寸大而不能录制得太长。这种格式一般不直接在网页中使用，常用于为 Flash 动画录制配音。

3）mp3 格式。mp3 格式文件为经过三层压缩的波形文件，其文件尺寸较 wav 格式显著减小，但音质稍差。mp3 格式是一种十分普及的音频格式。

4）ra 格式。ra 格式比 mp3 格式的压缩率高得多，并能以“流式”播放，特别适于网上点播歌曲。

许多情况下，网页声音是与网页图像融合在一起的，如有声动画的配音和视频伴音。可见在网页中，各种素材是相互紧密联系的，不能孤立地各自加以收集，要格外注意它们之间的相互协调。

2. 网页素材的基本要求

要制作一篇好的网页，对网页素材的收集和应用都要达到一定的基本要求，这是由网页电子传媒的固有特性决定的。

对文本素材的基本要求，一是要生动有趣，能吸引人；二是要充实并且精练，切忌废话连篇。

对图像素材的基本要求，一是要清晰悦目，视觉不易疲劳；二是文件不过大或过多，使传输迅速，减少等待时间。

对声音素材的基本要求是优美动听且切合主题，尤其是背景音乐，其文件也要避免过大。

在收集各种网页素材的过程中，要遵循的总原则是宁精勿滥、善于雕琢、珍惜空间和时间。

例如，在为某一主题为“自我介绍”的个人网页准备素材时，首要的是创作一篇能令人一口气读完的言简意赅的介绍文章，并寻找或摄绘出一两幅精致传神的主图，外加少许背景花边类辅图，必要时再配上一曲轻快或悠扬的背景音乐，这样的网页浏览起来会非常轻松，浏览者常会继续浏览本站的其他页面。但若搞成洋洋洒洒、须频频翻页的长篇大论，外加满目滥插的图片使网页动如蜗牛，只会大扫浏览者的兴趣。

做网页与出黑板报一样，都有在方寸之间大展宏图的相似特点，而与流水式作业的著书或编刻多媒体光碟之类区别较大。平时要多注意观察那些比较成功的网页的内容特色和排版特色，不断增长见识和吸取经验，为自己的网页准备更精致的素材，并将这些素材成功地组织起来。

3. 网页素材的收集方法

（1）文本素材的收集。文本素材的收集主要有原创和摘编两种途径。

原创就是全新创作，可以由网页制作者自行创作，也可向有关专业人士约稿。前者需要自身具有较高的写作水平，而后者一般要支付相应的稿酬。原创是一种辛勤的劳动，也是最值得提倡的。原创内容比例高的网页价值也高，更易受到浏览者的尊敬，所以在网页制作中应尽量使用原创素材。

摘编就是去搜寻摘录其他媒体，如书籍、报刊或其他网站上的信息，这虽然是一个比较省事的获取各种素材的捷径，但由于涉及敏感的著作权问题，应该征得原作者或原编者的同意，一般要付费或者注明出处。

还有一种对摘编来的素材再进行加工处理（也就是二次创作）的方式，如果加工的深度足够大，使所加工素材呈现出了较新的面目，则应视其为创新的作品而享有其著作权，可不再征得原作者的同意。对于原创能力有限的网页制作者，不妨采取这种方式来获取素材，不过一定要注意的是必须做足够深度的二次创作来避免日后的侵权纷扰。

下面着重介绍摘编文本素材的一些技巧。

对于传统书面上的文本，若字数不多可直接由键盘录入，对于整页的大段文字则可先进行扫描，获得有关文本的图像，再进行将图像转变为可编辑文本的 OCR 识别，然后加以二次创作。

对于已存在于计算机中的文本文件，则可在打开文件后运用“选定—复制—粘贴”的方法来获得所需摘编的内容。其中的选定操作是个难点，如果用按住鼠标左键拖动（俗称刷取）的方式来选定，遇跨页的大段文字会因拖动中滚屏过快而选定不准，可改用“Shift + 方向键”的选定方式。

有的网页嵌有禁止进行选定复制的程序脚本，在浏览状态下不能进行前述操作。这时可以先找到该网页窗口上的“查看”菜单，再单击该菜单中的“源文件”选项，该网页即被记事本程序打开，这时便可从中找到所需摘取的文字内容并将其复制出来。

（2）图像素材的收集。图像素材的收集同样基于原创和摘编两大途径。图像的原创较之文本更具有专业性，这将在相关课程中专门介绍。下面着重介绍摘编图像素材的技巧。

对于书面上的图片，可采用扫描的方法。因网页上所需的图片不要求很大，故扫描时的预设分辨率可设置得低一点，这样便可扫出较小的图片文件。如果扫出的图片文件仍然较大，可调用图像处理软件的图片缩放功能将其缩小。如果不需要彩色图像，应将扫描模式设为“灰度”，这样扫出的图片文件会更小。

对于已处于计算机文件中的图片，可采用“选定—复制—粘贴”的方式来获取。其操作方法与处理文本素材时的“选定—复制—粘贴”操作基本相同，唯一的差别是，对要选定的目标图像单击一下，目标图像便会出现围框等被选定标志，而不必像选定文字那样去拖动。对于网页中的图片，还可在浏览状态下右键单击目标图像，在弹出的菜单中单击“图片另存为”选项，再选择存放路径即可单独存录下来。

对于存放于计算机中的大量图像类文件，特别是存放网页历史文件的 Internet 缓存文件夹（Windows XP 系统中一般是在 C：\ Windows \ Temporary Internet Files）中的网页图片，还可运行 ACDSee 等看图工具进入文件夹，直接将所选中的图像文件复制出来。

ACDSee 软件的工作界面如图 1—4 所示。单击其工具栏上的按钮可进入“缩图”观看方式，单击左边目录树窗口中的某文件夹可观看到该文件夹中所有图片的缩略图，双击某个缩略图可观看到以其实际尺寸显示的该图的全图，再双击全图又可回到缩略图方式。单击选中某缩略图便可在左下角预览窗格中看到较大的图像，并可在下方状态栏中看到该图的文件大小、图像分辨率等参数。右键单击某缩略图并在弹出的右键菜单中单击“复制”或“复制到”选项，可将该图粘贴到专门收集图片素材用的文件夹内。

图 1—4　ACDSee 软件的工作界面

“抓图”又称“截图”，是一项十分有用的静止图片收集技巧，就是将计算机屏幕上所显示图像的全部或局部抓取下来，保存为图像文件。下面以抓图工具 HyperSnap - DX（缩写为 HSDX，中文俗称“抓图大师”）为例来讲述其操作方法。

首先打开要抓取的图像，使其显示在当前窗口。再运行 HSDX，显示出如图 1—5 所示的操作界面。然后单击 HSDX 菜单栏上的“捕捉”菜单，选择下拉菜单中的捕捉方式选项（也可单击位于工具栏中部的“捕捉”快捷按钮），若选择“捕捉矩形范围”，则要先对准拟捕捉矩形区域的起点处按下鼠标左键不放，拖动鼠标至对角终点处松开，再迅速单击一下鼠标左键加以确定，即可将目标图像抓取到 HSDX 的窗口中，进行必要的编辑（如裁剪或改变大小）后即可保存下来。也可利用快捷键来进行快速抓取，如捕捉矩形范围的默认快捷键是 Ctrl + Shift + R 键。可单击菜单栏上的“选项”→“设置快捷键”来查看和设置所需要的快捷键。

图 1—5　HyperSnap - DX 操作界面

如果没有任何抓图工具软件，而想将屏幕上出现的一幅图像抓取来作为素材进行加工，则可按一下 Print Screen 键（俗称拷屏键）或者 Alt + Print Screen 键，即可将整个屏幕或当前窗口内的图像抓取进内存中的“剪贴板”，随即运行 Windows 附件中的“画图”软件，按 Ctrl + V 键将“剪贴板”中暂存的图像复制进来，再进行一番必要的编辑操作后将其保存下来。

（3）声音素材的收集。声音素材的收集来自现成文件的选取或自行录制两种途径。

对于网页制作中常用的 mid 背景音乐文件，一般都取自现成素材，通过聆听选出与所编网页相协调的曲子。在播放效果相同的 mid 文件中要优先选取存储字节数较少的。这是因为背景音乐是于网页的开头载入，过长的音乐文件将会明显降低该网页浏览时的显现速度。

对于供点播或下载的 mp3 歌曲文件，以及 Flash 动画中的歌曲或自然声响文件，除了来自现成素材的收集选取之外，还可自行动手录制。需要用到的硬件是话筒（又称麦克风，通常与耳机做成一体而共称为“耳麦”），软件通常采用 Windows 附件中的“录音机”软件。

在录制前应先检查麦克风插头是否已正确插入机箱上的“MIC”插孔，再双击 Windows 桌面右下角系统托盘中的“音量”按钮，在弹出的音量控制对话框中依次单击“选项”→

“属性”→“录音”，选中“波形声音输出”（Wave Output），然后运行“录音机”软件，显示如图1—6所示的操作界面。在声音源开始放出声音时单击“录音”按钮（最右侧有“●”形标志的按钮），到录制结束时单击“停止”按钮（有“■”形标志的按钮），再单击“文件”→“保存”，将所录制的声音保存为wav文件。运行“格式工厂”等第三方工具，可将wav文件转换为mp3等格式的文件，以适应网络需要。

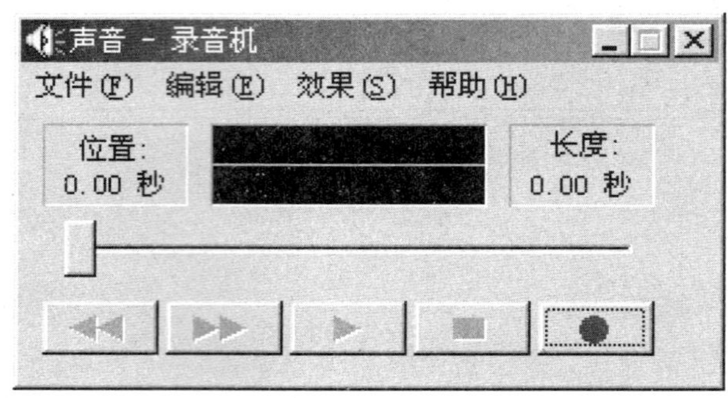

图1—6　Windows录音机的操作界面

二、网页图像的加工处理

与专业图形图像处理常接触到的一般数码图像不同，网页中的图像有其独特个性，大都短小精练，在不严重影响观看质量的前提下其存储字节数要尽量地少。下面就网页中静止图像的常见格式的加工处理技巧做一些基本介绍。

1. jpg格式的图像处理

jpg格式的图像是压缩率很高的一类常用图像，因其采用的是适当忽略细节记录的有损压缩技术，故其图像质量相对较差。但对于网页上常用的小尺寸图像来说，其细节损失看起来不会特别明显。

目前，几乎所有图形图像处理软件都支持jpg格式，若想将其他格式的图像转变为jpg格式的图像，可先读入原图，再选择“另存为”的方式，将文件类型改为jpg格式（也有的软件标为jpeg格式），必要时还应设定一下品质系数（有的软件中称为品质因数），然后保存即可。品质系数为一个百分数，其数值越小压缩率越高，但图像质量也越差。如果图中有面积较大的面部人像，则其品质系数不应低于80%。对于以浓郁风景为主的图像、清晰线条较少的图像和基调比较昏暗的图像，将其品质系数调至60%～70%，也不易观察到图像明显的失真。

如果处理软件中有“渐进图”或“霍夫曼编码优化”的复选框，则应勾选后再保存，这能在不增加很多存储量的前提下使网页图片的显示质量充分得以提高。

如果图像在转换格式前有明暗、色彩和尺寸上的加工需要，应先行加工处理，完成后再进行转换格式存储。这是因为原图转换为jpg格式后，图像细节质量会有损失，若有精确的加工宜在转换前进行。

2. gif 格式的图像处理

gif 格式的图像最大特点是支持局部透明显示，也具有相当高的压缩比，特别是卡通类简单图像。但其显示色彩数最高限定为 8 位色（256 色），不如 jpg 格式最高可显示 16 位色（65536 色）丰富。对比一些色彩数不高的简单小图像，gif 格式比 jpg 格式显得干净清晰，加上 gif 格式还支持透明和动画，故在网页中 gif 格式的图像使用得更多。

将其他格式的图像转换为 gif 格式的图像，同样可采用先读入原图，再选择“另存为”的方式，将存储类型设为 gif 后保存即可。如果需要制作局部透明图像，则应在“透明”的选项上打钩，再单击所选透明颜色后保存。

存储 gif 格式图像时还常有一个“交错显示”的选项，就是在显示一幅画面时先出现其奇数行像素，再出现其偶数行像素，这样在较慢的网速下图片会较早地显现出全貌来，看上去有一个先模糊、逐渐清晰的过程。该选项显然适合于较大幅面的图片，对于小图片则效果不佳。

3. 网页图像的加工处理实例

在 Windows XP 系统的 Windows \ System32 文件夹中，可找到图像文件 Setup. bmp，其幅面尺寸大小为 800 像素 ×600 像素，文件存储量为 235 KB。欲将其改造为在网页一角使用的小插花图，要求将图中的文字标志部分剪裁出来，将图片幅面缩小到原图的 1/10，文件大小也要求控制在 10 KB 以内。

首先选择作图工具，对于上述简单要求采用多种图形图像处理软件均能实现。下面以小巧易用、不但擅长抓图还适合编改网页小图片的 HSDX 为工具，来演示该图像的处理过程。

（1）打开。首先运行 HSDX，单击工具栏上的“打开旧文件”快捷按钮（或单击菜单栏“文件”→“打开”），从搜寻路径中找到 System32 文件夹，再从中找到 Setup. bmp 文件，双击将其打开。

（2）剪裁。单击“剪切”快捷按钮，出现十字交叉光标，使交叉点对准图中的“Windows XP”标志部分的左上角，按下鼠标左键，向该标志的右下角拖动出一个矩形框（见图 1—7）后松开，再次单击鼠标左键将其剪下。

（3）改小。单击“改变大小”快捷按钮，出现对话框，将“宽度”栏中的数字改为 80（原图宽度 800 的 1/10），再依次单击对话框中的“应用”→“完成”按钮退出对话框。

（4）保存。单击“保存文件”快捷按钮或单击菜单栏上的“文件”→“另存为”，再单击“保存类型”框右侧的下拉按钮，在出现的下拉菜单中选择 jpeg 或者 gif 格式。如果选择的是 jpeg 格式可将品质系数调为 75%，这样可兼顾图像质量与压缩率；如果选择的是 gif 格式则不要勾选“透明”选项。将文件名改为“Setup”，再单击对话框中的“保存”按钮。

保存完毕后，打开“我的电脑”，到“System32”文件夹下选择“详细资料”浏览方式，可以看到 Setup. jpg 文件仅 2 KB，或者 Setup. gif 文件仅 3 KB，完全符合要求。

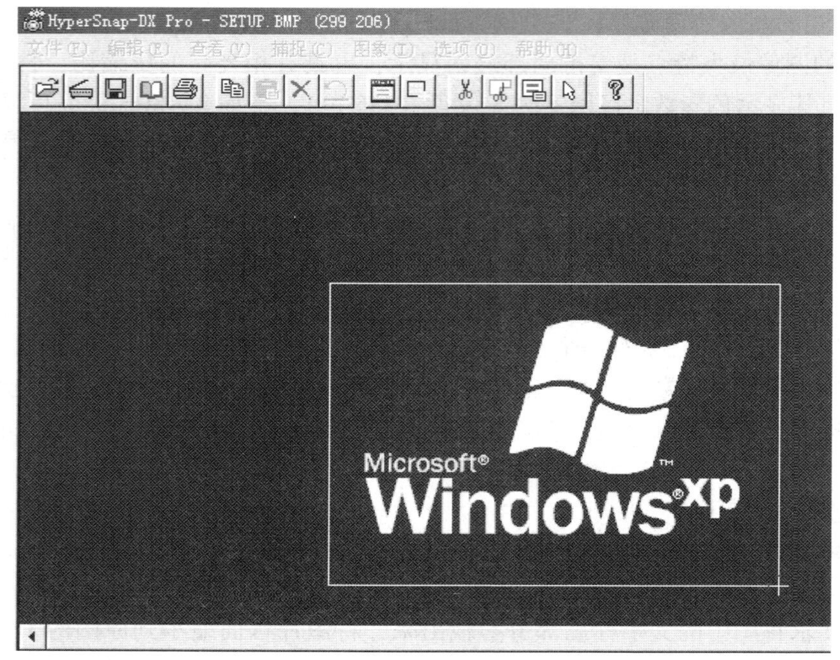

图 1—7　原图（Setup. bmp）的剪裁部位

三、gif 动画的制作

gif 图像格式支持多帧存储，各帧图片均能以不同的延迟时间显现，所以能够制成简单动画。制作 gif 动画的原理相当简单，只要事先准备好参与组成动画的各帧静止图片，再经过动画制作工具的组接，将各帧图片一一添加进来，并进行各帧图片延迟时间的调整，便可保存为一幅动画。

制作 gif 动画的工具软件很多，其中友立公司的著名软件 Ulead GIF Animator 功能丰富，操作界面友好，其为简体中文版，是不用安装即能直接使用的“绿色软件”。下面介绍其基本操作方法。

首先准备一个临时文件夹，将要组成动画的各图片加工好（要求是将各图的长宽尺寸修剪至相同）后，放到该文件夹中。再运行 Ulead GIF Animator 动画制作软件中的主文件 ga _ main. exe，其启动界面如图 1—8 所示。

该软件运行后首先出现的是“启动向导”对话框，如果要制作新的动画，可单击该对话框中的“动画向导”按钮，弹出“动画向导”对话框，如图 1—9 所示。

单击“添加图像”按钮，出现“打开”对话框，找到存放所做动画各帧图片的临时文件夹后，双击第一帧图片的文件名，该帧图片即被添加进来。照此操作，将各帧图片全都添加进来，连续单击“下一步”按钮直至完成。如果各帧图片已经添加完毕，编辑中途又想添加新的图片进来，可以单击工具栏中的“添加图像”按钮，同样可把新帧图片添加进来。

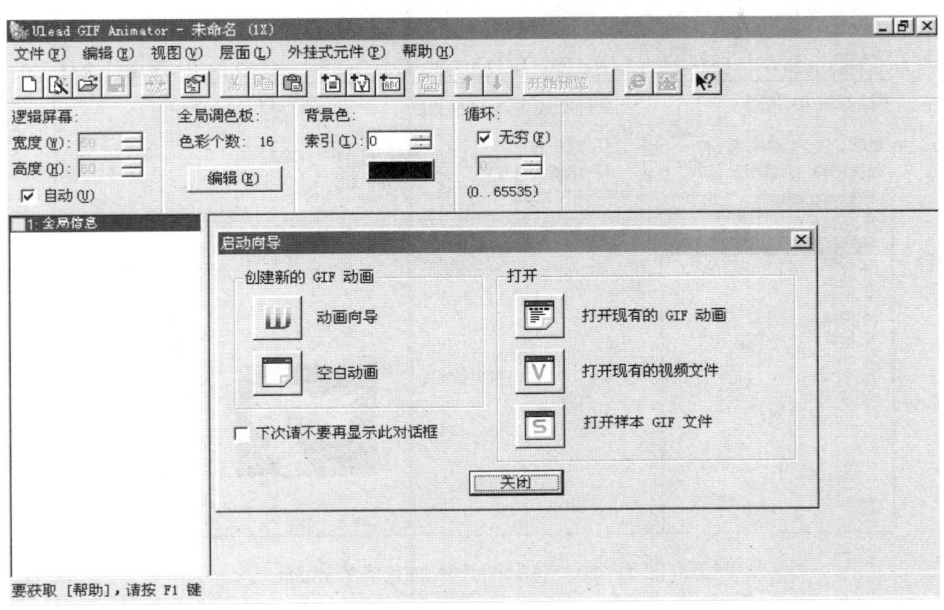

图 1—8　Ulead GIF Animator 的启动界面

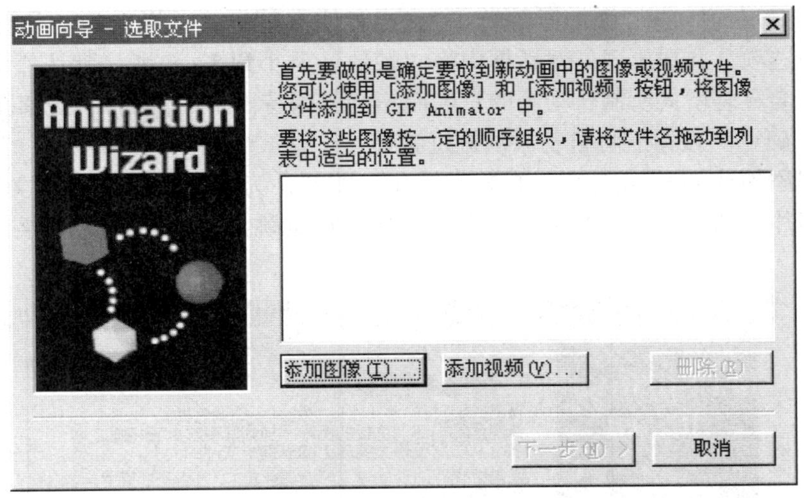

图 1—9　“动画向导”对话框

各帧图片添加完毕的界面如图 1—10 所示。这时可调整各帧图片显示的延迟时间，方法是先单击选定左边各帧图片列表中要调整的帧，再改动“延迟”框中的数字，数字越大，该帧图片的播放时间越长。调整好后可单击工具栏中的“开始预览”按钮，进行预览，观察动画播放效果是否令人满意，若不满意可对各帧图片的延迟时间再次进行调整。还可单击工具栏中的“↑”“↓”按钮来调整帧的位置，或单击工具栏中的“剪切”按钮将某些不满意的帧删除。

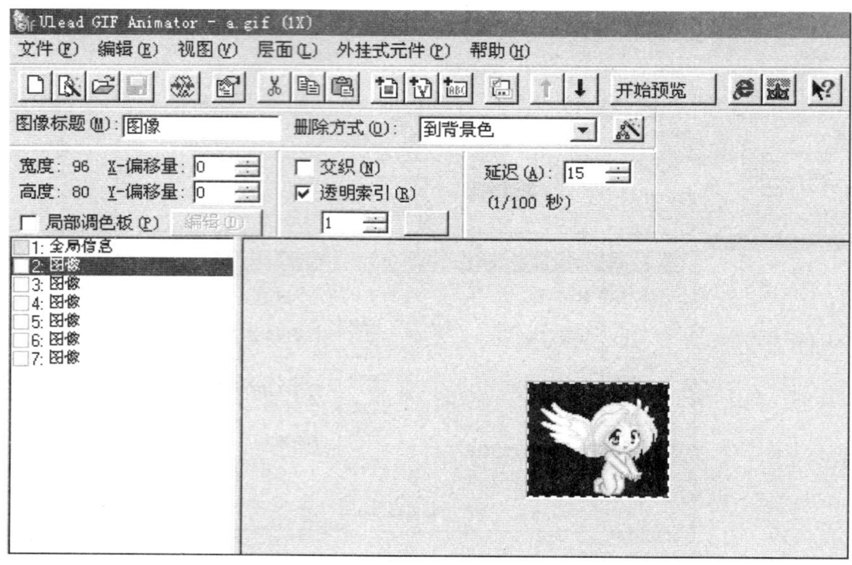

图 1—10　各帧图片添加完毕的界面

在相邻帧之间还可以添加若干过渡帧，即由软件自动生成的具有渐变效果的帧，这样能够大大增强动画显示效果。其添加方法是：先单击选定要添加过渡帧处的那一帧，再依次单击菜单栏上的“层面”→“添加简单转场”，或者依次单击菜单栏上的“外挂式元件”→该菜单中任一选项，并在出现的对话框中将“帧数”调小到 5～8 帧（默认值为添加 15 帧，但此帧数偏多会显著增大所制作动画的长度而不利于因特网上的浏览），观察预览效果是否满意，单击“确定”按钮后将自动添加进过渡帧。

各帧全部添加或调整完成后，单击“保存”按钮，为所做动画取一个文件名后保存，便可将多帧图片存储为一个动画文件。保存完毕，还会跳出一个“优化向导”对话框，如图 1—11 所示。

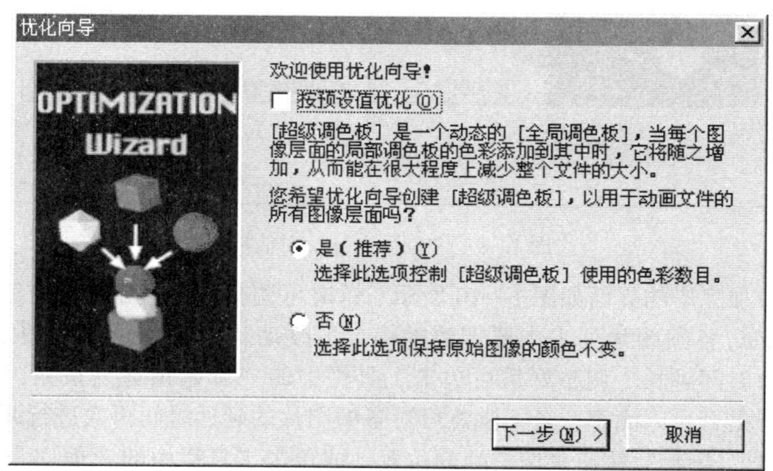

图 1—11　“优化向导”对话框

连续单击“下一步”按钮，直至优化完成，会给出一个优化结果的报告，如图 1—12 所示。如果优化后的文件字节数与优化前的差别不大，则单击“取消”按钮放弃此效果不佳的优化；如果差别较大，则单击“另存为”按钮，找到该动画文件名覆盖保存。

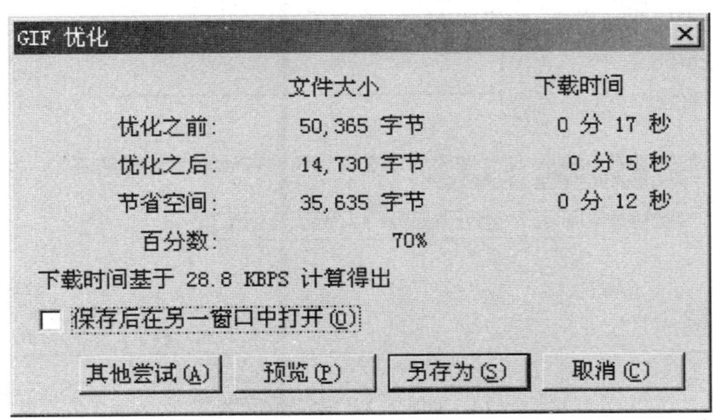

图 1—12　优化结果报告

gif 文件的“优化”实际上是减少画面中没有用到的冗余颜色，或者强制减少颜色数。gif 存储格式所用颜色数最高为 256 色，但许多手工绘制出的卡通类图像并没有用到这么多颜色，而标准 gif 文件却将所有颜色的信息都记录在文件中的一个表内，将实际未用的颜色信息去掉或将总颜色数减少，便会节省存储字节数。

1-3　站点和网页的创建

当站点结构与各页版面已设计好，各种所需素材也收集到位后，便可进入正式的制作阶段。编辑网页用的工具软件有很多，本教材介绍微软 Office 办公组件中的 FrontPage XP（又称 FrontPage 2002）。

一、初识 FrontPage XP

1. FrontPage XP 的安装

网页制作软件 FrontPage XP 与文档编辑软件 Word XP、电子表格软件 Excel XP、演示文稿制作软件 PowerPoint XP、免编程数据库开发软件 Access XP 和邮件管理软件 Outlook XP 一起集成于办公软件 Office XP 中，FrontPage XP 的安装也包含于 Office XP 的安装。

插入 Office XP 安装光盘，运行 Office XP 安装文件夹中的 Setup 程序，将会出现如图 1—13 所示的初始安装界面，输入“产品密钥”（又称序列号）等。

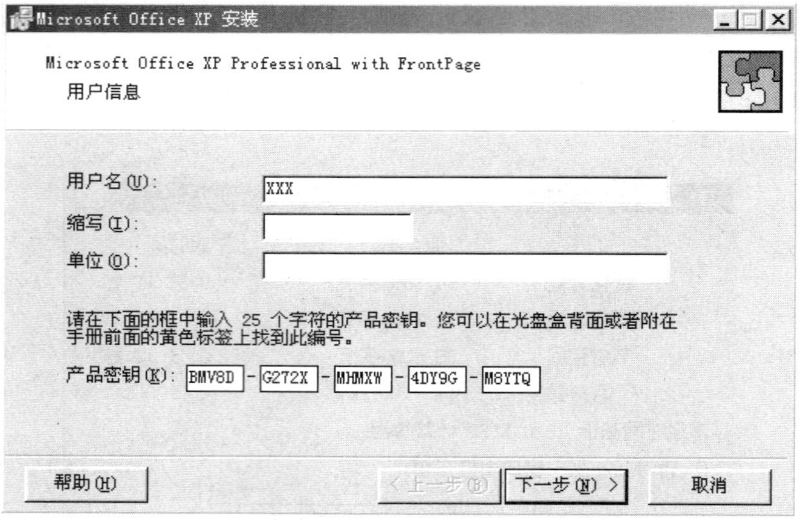

图 1—13　Office XP 的初始安装界面

全部填完后，单击“下一步”按钮，出现“选择要安装的应用程序”对话框，如图 1—14 所示。在该对话框中，勾选所需安装的 Office XP 应用程序（其中一定要勾选 Microsoft FrontPage），再选择安装方式。若想由安装程序按预设方案自动进行安装，就选择“安装应用程序的典型选项”；若想自行选择所需的选项来安装，则选择“为每个应用程序选择详细的安装选项”。

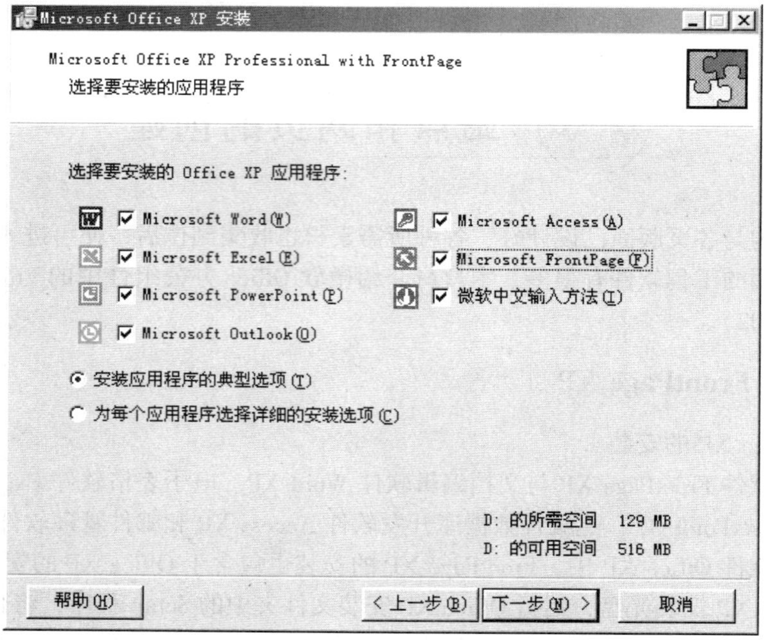

图 1—14　“选择要安装的应用程序”对话框

若安装方式选择的是后者，则会出现如图 1—15 所示的对话框，依次单击各安装项目前的十字方格，展开所包含的子项目，再单击各子项目图标，在所出现的菜单中选择以何种运行方式安装或不安装。

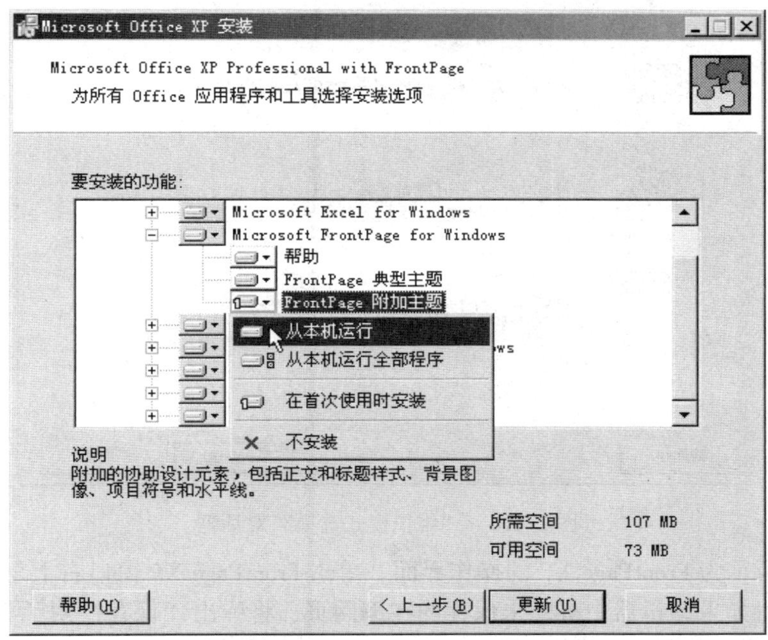

图 1—15　“为所有 Office 应用程序和工具选择安装选项”对话框

待全部安装过程结束后，还要进行软件的“激活”，这是一种判别安装者是否为合法用户的软件授权技术，否则将限用 50 次，超过就会自动关闭一些重要功能而不能正常使用。

如果已经安装过 FrontPage XP 或 Office XP 中的任一其他组件，则再次运行 Office XP 的 Setup 安装程序将会出现如图 1—16 所示的“维护模式选项”对话框。此时，可根据需要进行局部功能的增删、整个 Office XP 系统的修复或卸载操作。

2. FrontPage XP 的启动和退出

Office XP 安装完毕，就可以从“开始”菜单中找到 Microsoft FrontPage 的快捷方式，单击该快捷方式，即可启动 FrontPage XP 程序。为了操作方便，宜将其快捷方式复制到 Windows 的桌面上或者任务栏里。直接单击 Microsoft FrontPage 快捷方式启动，既可以从空白网页开始编辑，也可以打开已有的网页进行进一步的编辑。

FrontPage XP 的另一种启动方式是：先单击某个网页文件进入浏览状态，再单击网页浏览器窗口上方工具栏中的“编辑”按钮，启动 FrontPage XP 后将自动调入浏览器中的网页代码到编辑器中，此时即可进行编辑。

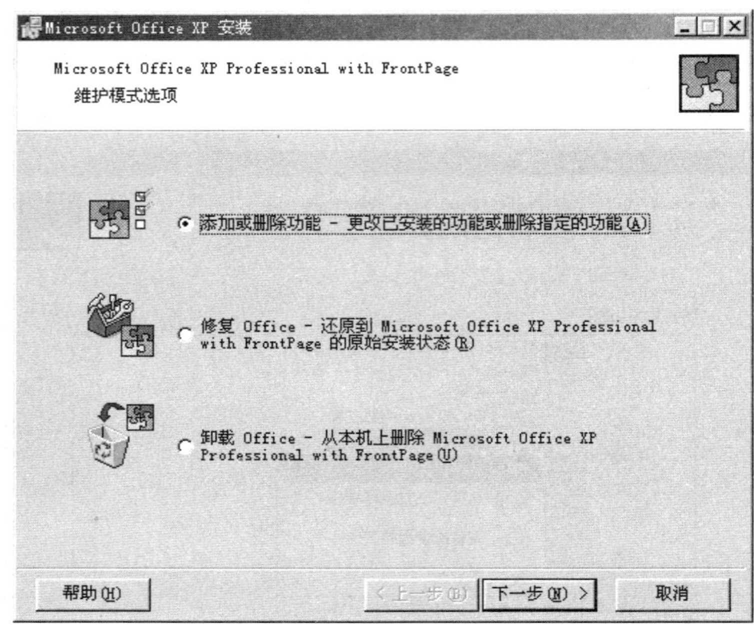

图 1—16 “维护模式选项”对话框

图 1—17 所示为 FrontPage XP 的操作界面。单击 FrontPage XP 窗口右上角的“×”按钮即可退出，此时如果编辑器中有尚未保存的在编网页，将弹出“保存”对话框，单击“是”或“否”按钮后方可退出，单击“取消”按钮则仍回到编辑状态。若 FrontPage XP 打开了

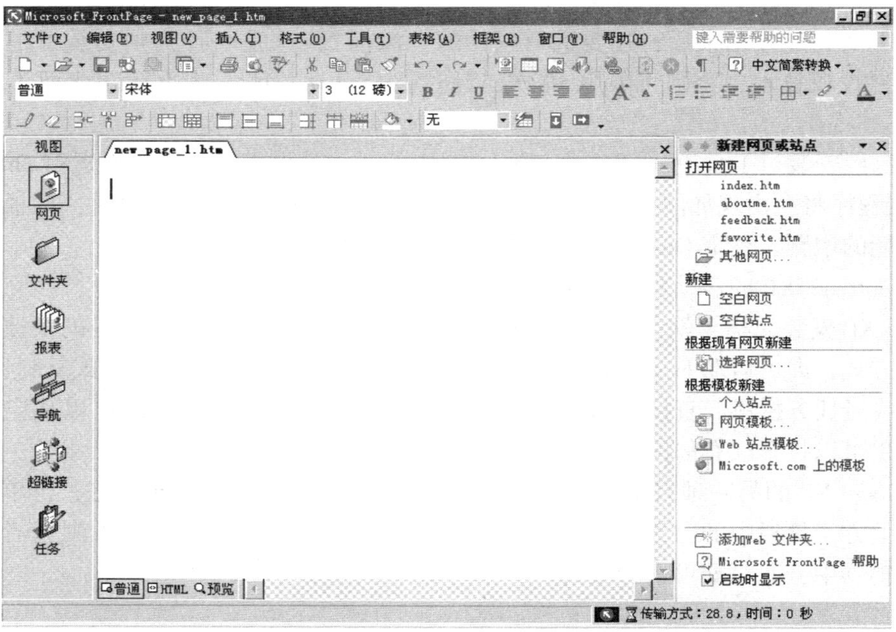

图 1—17 FrontPage XP 的操作界面

多个网页，则单击其下方编辑区右上角的“×”按钮后，退出的只是当前网页而不是整个编辑器。

3. FrontPage XP 的操作界面

（1）标题栏。在图 1—17 所示的操作界面中，最顶层的一栏为“标题栏”，在该栏左边显示本软件的名称，其后紧跟着正在编辑的网页文件名，在该栏右边为“最小化”“最大化/还原”和“关闭”按钮。

（2）菜单栏。标题栏下方为菜单栏，包括“文件”“编辑”“视图”“插入”“格式”“工具”“表格”“框架”“窗口”和“帮助”10 个菜单按钮，单击任一菜单按钮即显示出一列下拉菜单，再单击下拉菜单中的命令选项即可执行相应的任务。FrontPage XP 的下拉菜单能够自动卷叠，将操作者很久未用到的菜单选项隐藏起来，若要使用已隐藏的选项，可单击下拉菜单底端的“≫”形标志，或将光标悬停于该标志上，该菜单的所有选项即可全部展现出来。

因各菜单中的大部分常用命令选项都在工具栏设有其快捷按钮，或者出现在更为便捷的右键菜单中，故对于常用的命令宜直接单击工具栏上的快捷按钮，或右键单击目标区域后在右键菜单中进行选择。

（3）工具栏。在菜单栏下列有各种符号按钮的几栏通称为工具栏，这些按钮都是某项常用功能的快捷按钮，都能在菜单栏的相应菜单中找到相同的命令选项。在 FrontPage XP 默认的操作界面中通常只显示出使用最频繁的常用工具栏和格式工具栏两栏。要显示出其他的工具栏，可右键单击工具栏区域中任意位置，在出现的右键菜单中勾选所要显示的栏目名称。如在网页编辑中常用到表格工具栏，就应将其勾选显示出来，以便于使用。

工具栏上的按钮大多是图形或特殊符号，若要知道某个按钮的功用，可以将光标停留在该按钮上，稍候即显示出该按钮的说明文字。

对于工具栏上常用的按钮，应尽可能地预先熟悉一下它们的位置和功用，这对日后的编辑操作将大有裨益。下面是在网页编辑中使用最普遍的“常用工具栏”（见图 1—18）、“格式工具栏”（见图 1—19）和“表格工具栏”（见图 1—20）的按钮位置及功用。

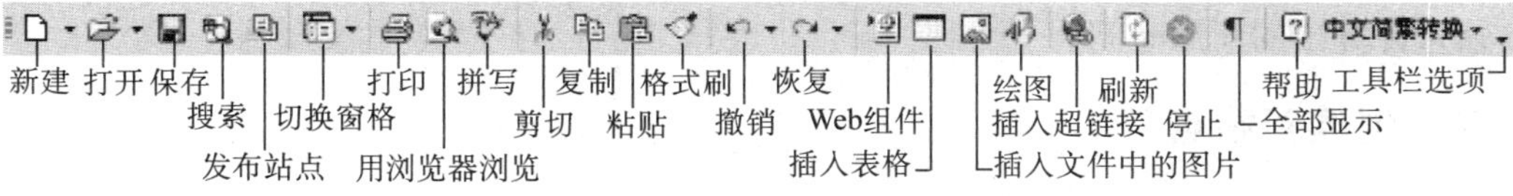

图 1—18　FrontPage XP 的常用工具栏

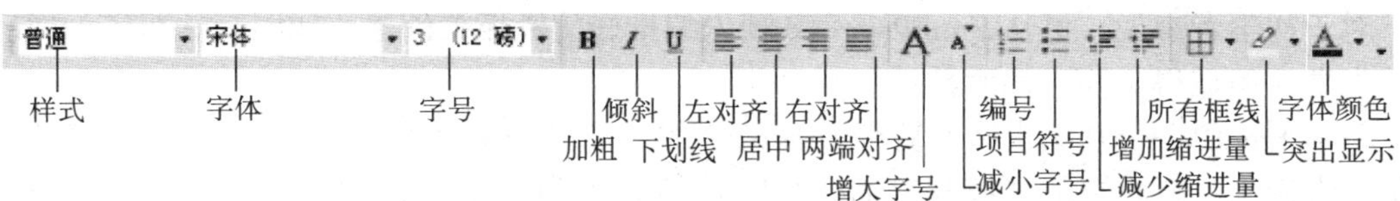

图 1—19　FrontPage XP 的格式工具栏

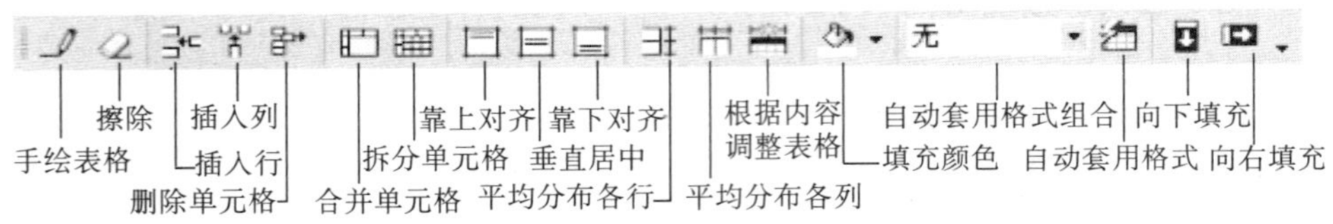

图 1—20　FrontPage XP 的表格工具栏

（4）编辑区和视图栏。在工具栏下方的大片空白区域就是编辑区，编辑区中所显示的内容类型由位于该区左边的视图栏所决定。视图栏上有“网页”“文件夹”“报表”“导航”“超链接”和“任务”6 个按钮，可分别切换到相应的 6 种视图模式。其中网页模式用于编辑具体的网页内容，最常使用，是默认的视图模式。由于视图栏上的所有按钮都可在菜单栏上的“视图”菜单中找到，为了节省视图栏所占用的版面，尽可能使编辑区的宽度达到满屏，通常情况下都将视图栏关闭，其方法是单击菜单栏上的“视图”按钮，在下拉菜单中单击“视图栏”，将其前面的钩去掉。

在网页视图模式下，在编辑区的左上方显示所编网页的文件名。若刚进入新建的空白网页的编辑，其所显示的是系统给出的默认文件名“new _ page _ *n*”（*n* 为自 1 起始的自然数），要改变这个默认文件名，可在第一次保存或另存为时输入自己所起的文件名。若所编网页已有改动但尚未保存，则编辑区所显示的文件名的右端会加有一个星号以示提醒。在编辑区的左下角通常显示有“普通”“HTML”和“预览”这三个标签式选择按钮，分别切换“所见即所得”式的网页直观编辑、编程式的网页源代码编辑和网页的实际显示效果预览这三种网页视图子模式。

（5）任务窗格。任务窗格位于编辑区的右边，其内排列有许多快捷操作项目链接，这是 FrontPage XP 新设立的栏目。单击任务窗格右上方的“▼”按钮，即出现列有“新建网页或站点”“剪贴板”和“搜索”三个选项的下拉菜单供切换。单击任务窗格右上角的“×”按钮即可关闭该窗格。若要重新显示任务窗格，可单击菜单栏上的“视图”→“任务窗格”，使其被勾选。

（6）状态栏。状态栏位于编辑区的下方，在该栏的左侧显示一些编辑过程中的动态提示信息，在其右侧显示所编网页的下载传输时间。注意这里显示的时间值是按每秒 28.8 KB 的传输量计算出的所用时间。

二、创建新站点

站点是网页的安身之处，在开始编制网页之前必须创建站点。创建站点的方式有下列几种。

1. 由模板创建

对于初学者来说，可从 FrontPage XP 预先编排好的模板来创建，如同摹帖写字一样比较简单省事，但显得千篇一律而易雷同。

单击 FrontPage XP 编辑区右侧任务窗格中的“新建”栏下的“空白站点”链接项，或者单击常用工具栏之首的“新建普通网页”按钮右边的“▼”按钮，在所出现的下拉菜单中单击“站点”选项，将出现如图 1—21 所示的“Web 站点模板”对话框。

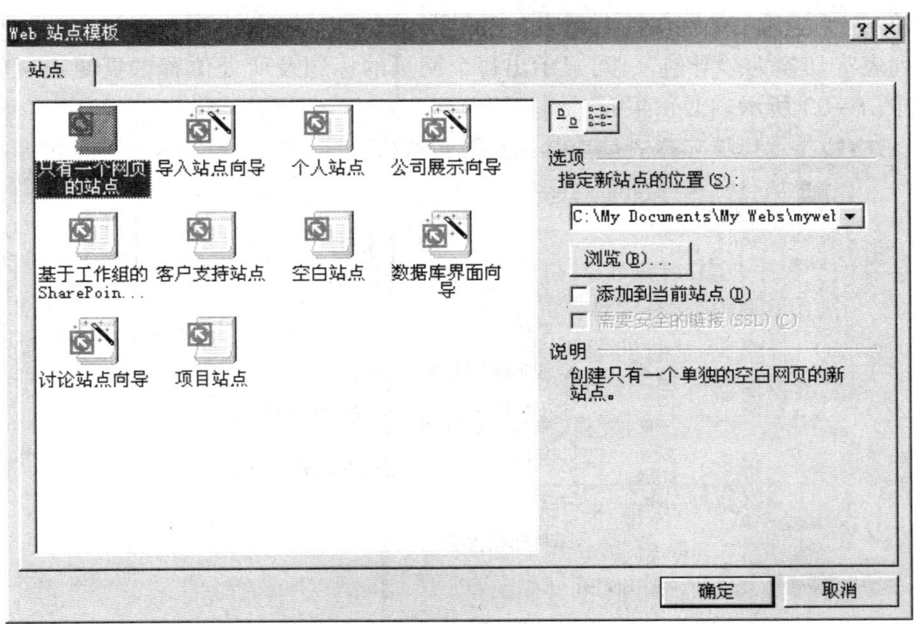

图 1—21 “Web 站点模板”对话框

在该对话框所列出的站点类型中，“个人站点”“客户支持站点”“基于工作组的 SharePoint Web 站点”（多版主共建站点）和“项目站点”都是站点模板。单击一个站点模板类型将其选中，再在该对话框右上方的“指定新站点的位置”列表框中输入一个存放所建站点的带路径文件夹名，如果已建有该文件夹则可单击“浏览”按钮将其找到后打开，然后单击“确定”按钮即可创建新的站点，同时也创建出该站点的主要网页。图 1—22 所示为选择“个人站点”模板所创建的新站点的首页。

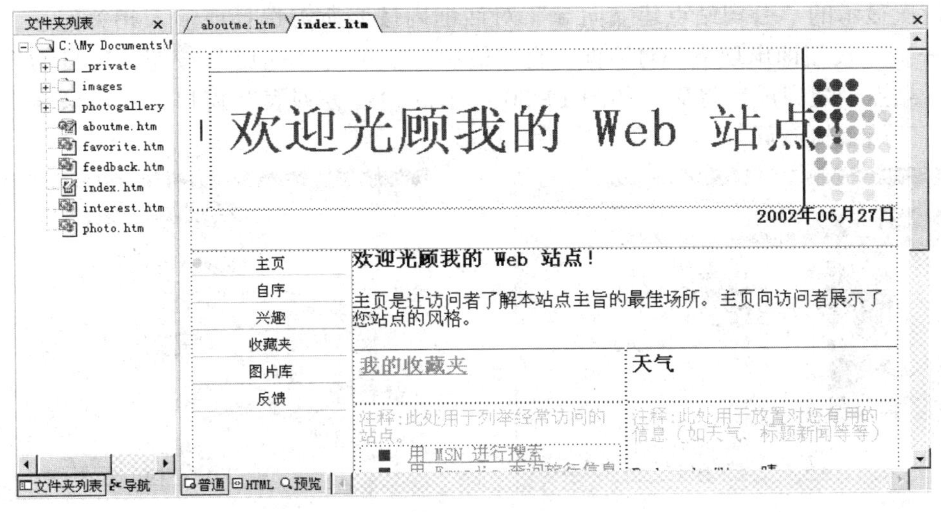

图 1—22 根据模板创建的个人站点（显示文件夹列表）

在文件夹列表下方有“文件夹列表”和“导航”两个按钮，可进行相互间的切换。将“文件夹列表”切换为“导航”，可显示出每个网页的标题及所处位置，更便于观察站点的结构，如图1—23所示。

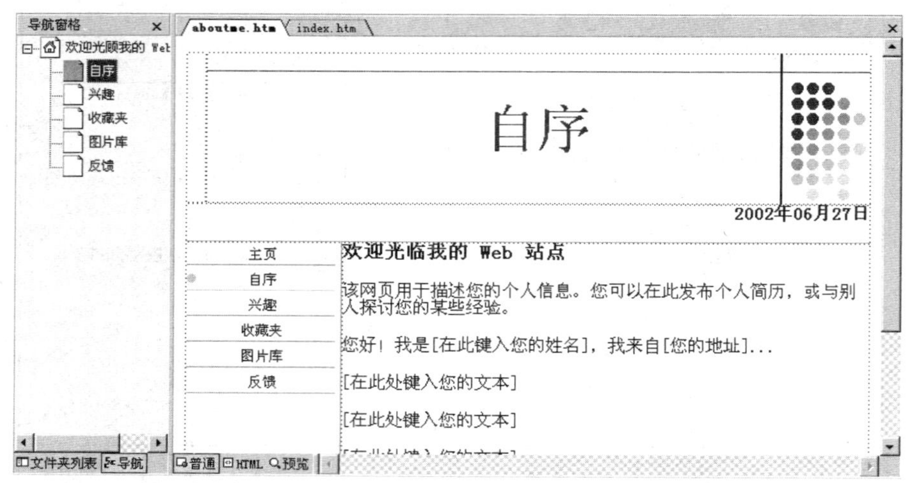

图1—23 根据模板创建的个人站点（显示导航）

根据模板创建的站点，只要对已自动生成的站点各页进行一番填充或修改，即可建好整个站点。

2. 由模板向导创建

模板向导通过多步人机对话来确定要创建的站点结构和内容，故比单纯的模板更富于变化。图1—21中的“公司展示向导”“数据库界面向导”和“讨论站点向导”都属于模板向导。以选择“公司展示向导”为例，输入站点存放路径后单击“确定”按钮，便相继出现如图1—24～图1—29所示的多步对话框。

在依次显示的“公司站点建立向导”对话框内按照所需选择或输入相关信息，然后单击“下一步”按钮即出现下一对话框，直至最后一步单击“完成”按钮，便自动创建出整个站点。站点创建完成后将显示如图1—30所示的“任务列表”窗口，双击该表中的某一网页即可开始编辑该页。

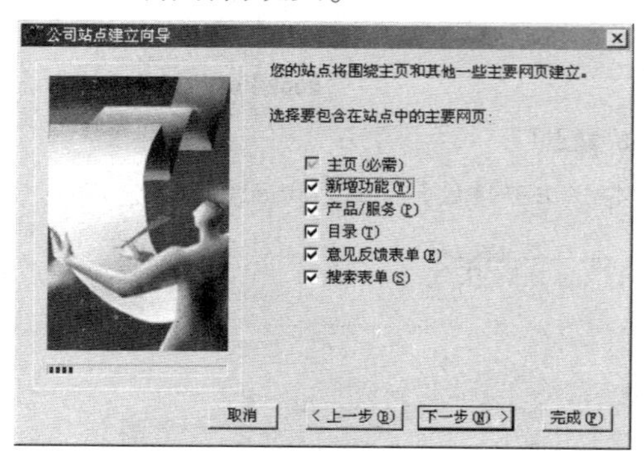

图1—24 “公司站点建立向导”对话框（选择网页）

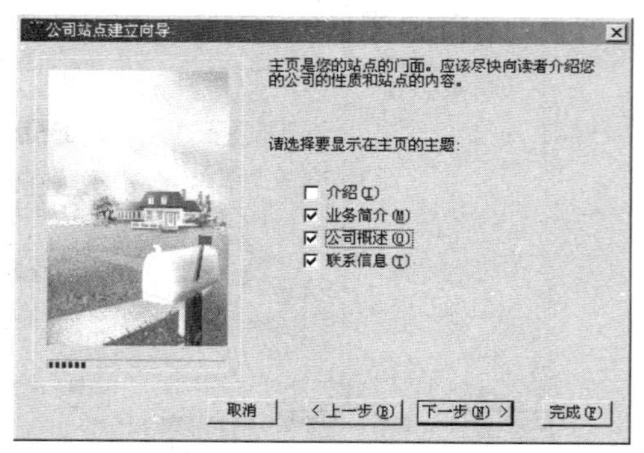

图1—25 “公司站点建立向导”对话框（选择主题）

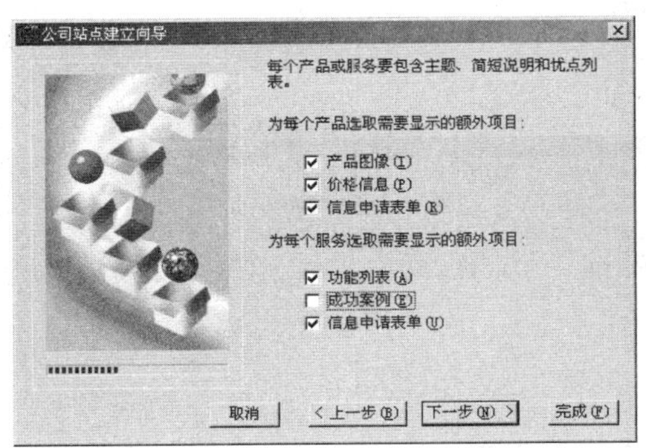

图 1—26　“公司站点建立向导”对话框（选择显示项目）

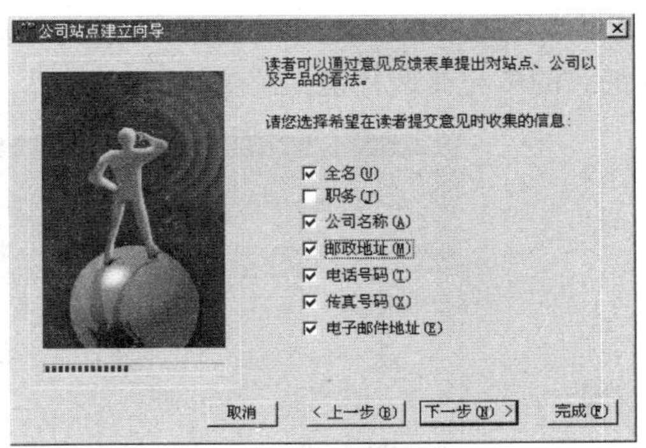

图 1—27　“公司站点建立向导”对话框（选择收集信息）

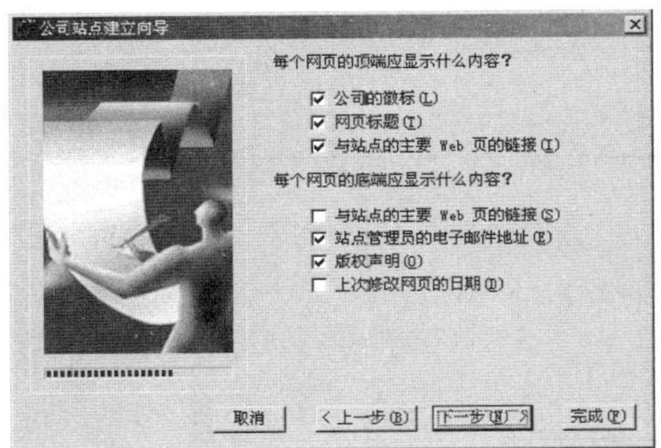

图 1—28　“公司站点建立向导”对话框（选择显示内容）

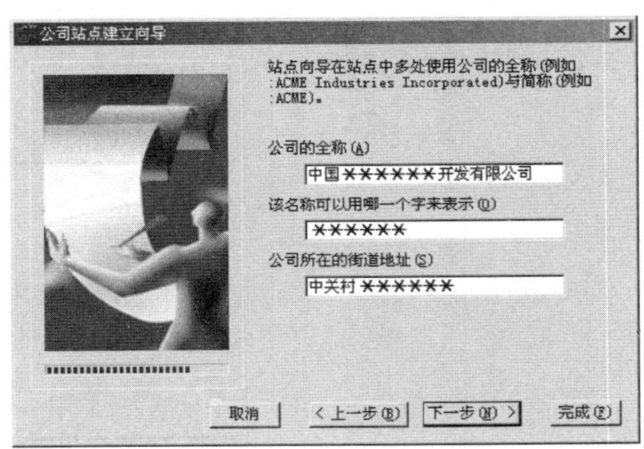

图 1—29　“公司站点建立向导”对话框（输入公司名称）

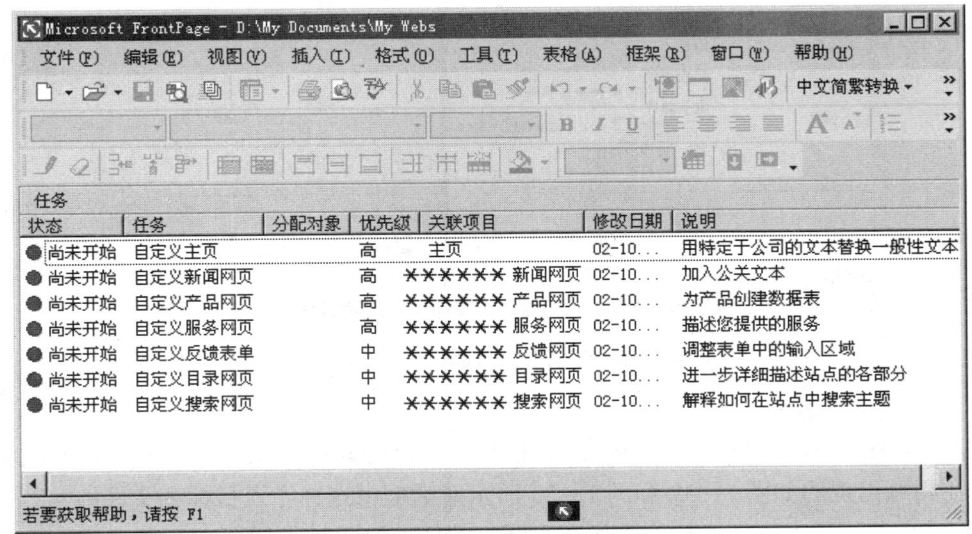

图 1—30　“任务列表”窗口

由“公司展示向导”创建的站点首页如图 1—31 所示，根据各部位显示的注释信息进行细致的填充修改才能最终完成。

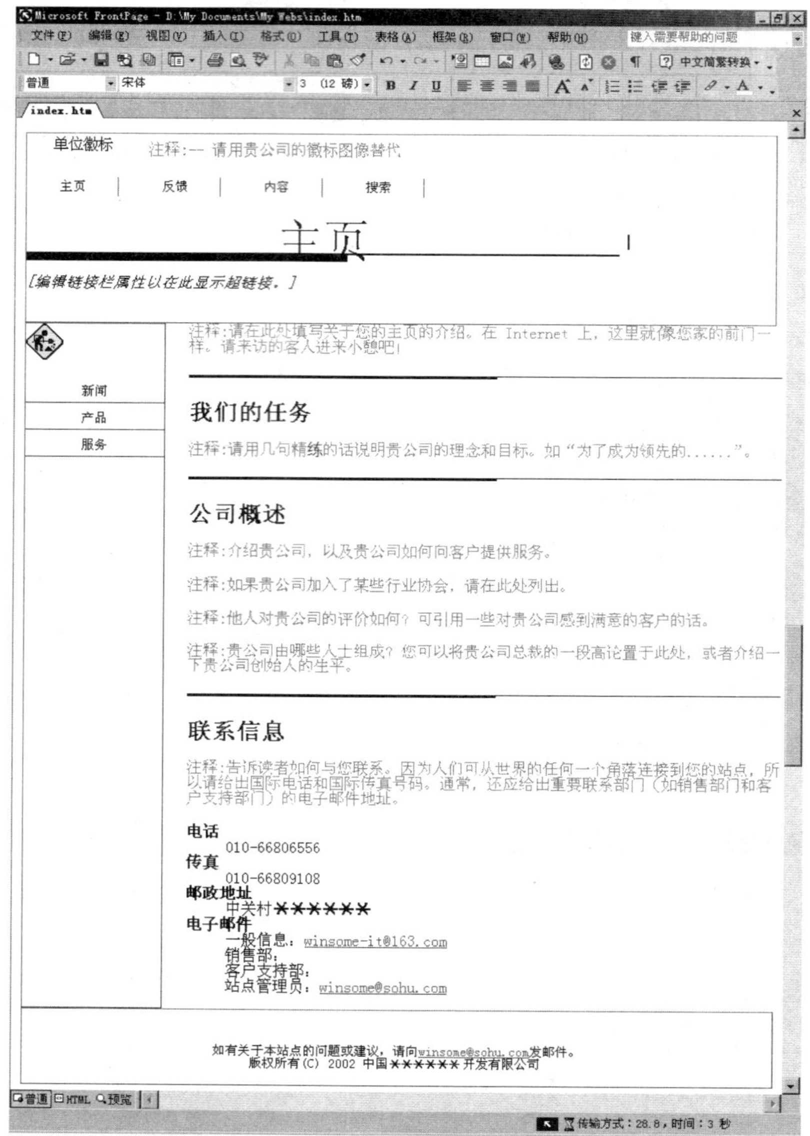

图 1—31　由“公司展示向导”创建的站点首页

3. 由已建站点导入

在图 1—21 中单击“导入站点向导”，即可导入已经建好的站点。该导入过程的主要操作是：在相继出现的如图 1—32 和图 1—33 所示对话框中选择导入目标和文件内容。若选择“从万维网站点”导入，即可从他人发布于网上的任一成功站点导入，有利于借鉴应用，但须注意要替换成自己的内容，并对架构布局进行修改，以避免“剽窃”之嫌。

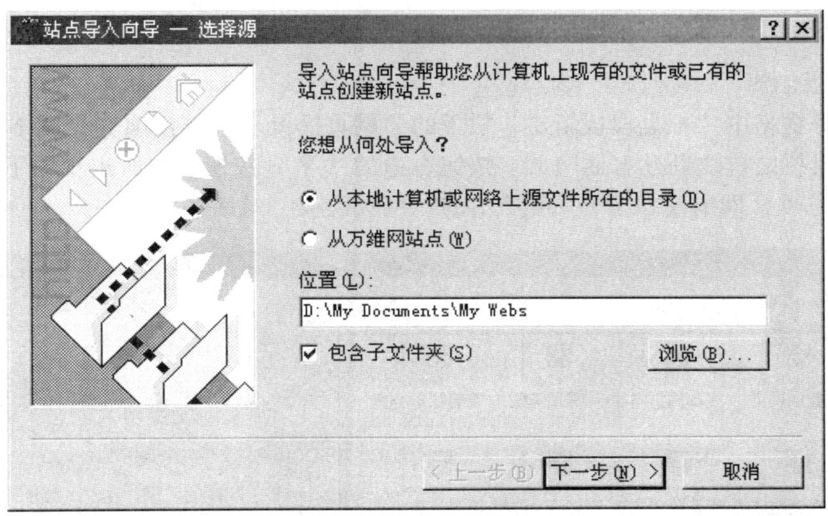

图 1—32　“站点导入向导—选择源”对话框

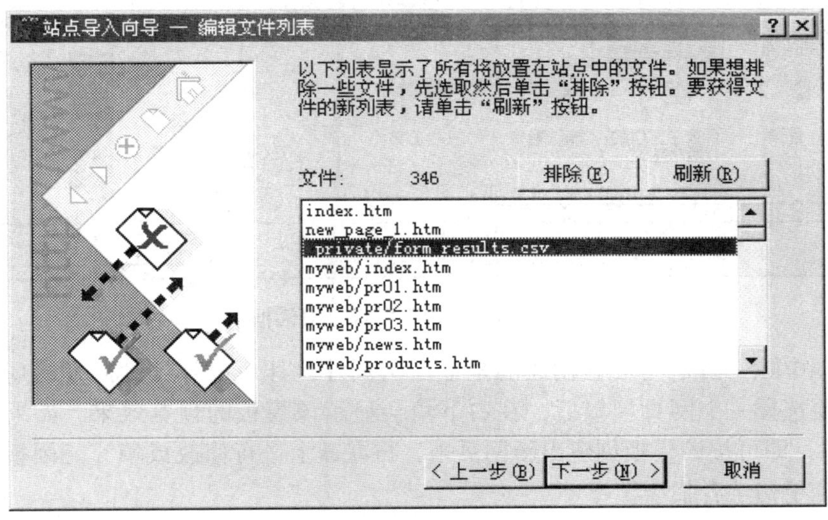

图 1—33　“站点导入向导—编辑文件列表”对话框

4. 从空白站点创建

对于绝大多数已有一定基础的网站开发者来说，从空白站点创建将更能展现自己的创意。单击“Web 站点模板”对话框（见图 1—21）中的“空白站点”选项，在该对话框右边的“指定新站点的位置”栏中输入该站点所在位置的路径（或者单击该栏下面的“浏览”按钮寻找到要存放该站点的文件夹），再单击“确定”按钮，即可创建出空白站点。

空白站点的创建一次完成，没有中间步骤的对话框出现。空白站点中的各页间层次关系处于手工掌控之中，需要细致地处理。创建空白站点后，还要根据自己的设计进行一系列的创建新网页的工作。

三、创建新网页

1. 由模板创建

单击任务窗格中“根据模板新建”栏下的“网页模板…”链接项（见图1—17），或者单击常用工具栏之首“新建普通网页”按钮右边的“▼”按钮，在所出现的下拉菜单中单击“网页”选项，即出现如图1—34所示的“网页模板”对话框。

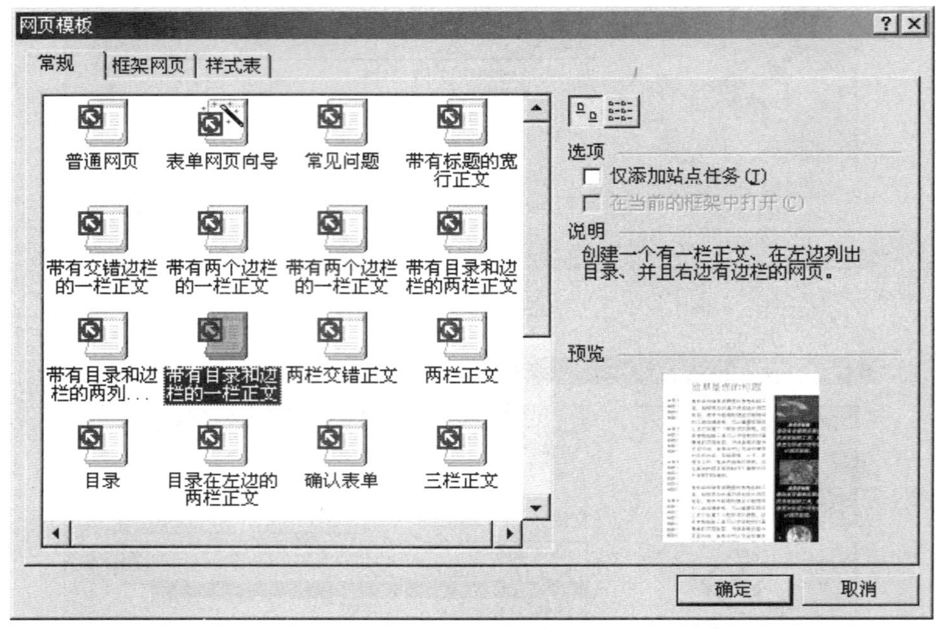

图1—34 “网页模板”对话框

该对话框中除“普通网页”创建的是空白网页外，其余都是已设计好的现成格式的模板。根据需要选择一个网页模板后，在右下角会显示该模板的预览效果，如果适合就单击“确定”按钮，即可按该模板创建出新网页来，再在其上进行修改或填充。因模板格式比较呆板，只适合于初学者临摹学习。

2. 根据现有网页创建

这实际上是将已编好的网页作为模板来创建另一个网页。单击任务窗格中“根据现有网页新建”栏下的“选择网页…”链接项（见图1—17），即出现如图1—35所示的“根据现有网页新建”对话框，选择一个目标网页后单击“创建”按钮，即可按照该网页的结构布局创建出一个新网页。

3. 创建空白网页

在图1—34所示的对话框中选择“普通网页”，创建的就是空白网页。因在空白网页上设计、编辑最为随意，除了一些复杂的表单网页或框架式网页常借鉴于模板外，多数网页制作者都选择由创建空白网页来进行自由编创。

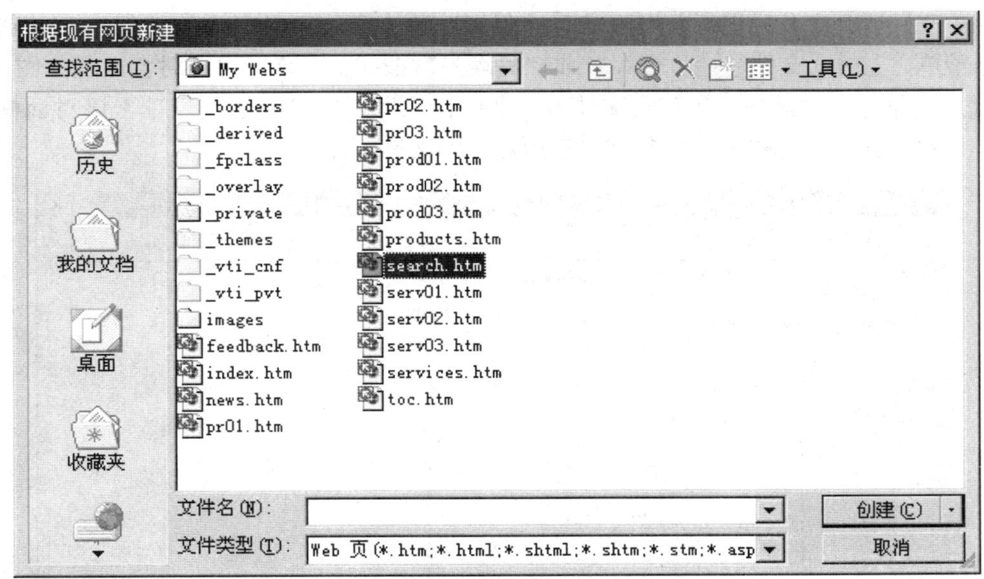

图 1—35　“根据现有网页新建”对话框

新网页创建后，应首先将该页的默认标题（如“新建网页 1”）改为自己起的正式标题。右键单击该页，在出现的右键菜单中单击“网页属性”选项，即出现如图 1—36 所示的“网页属性”对话框。在其“标题”框中输入该页的正式标题，再单击“确定”按钮即可完成修改。网页的标题可随意取名，没有任何限制。首页标题习惯上采用本站点的站名，而随后各页的标题最好取首页上导航链接栏中的栏目名。

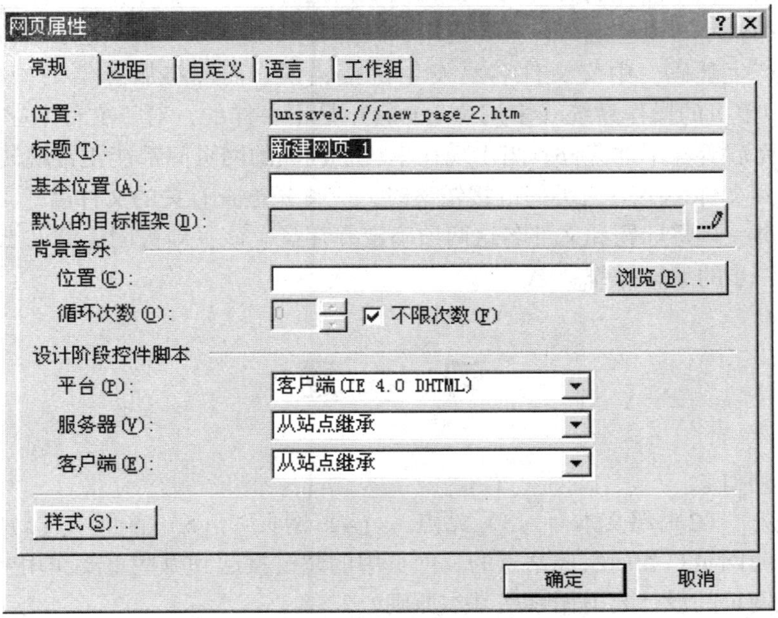

图 1—36　“网页属性”对话框

标题改好后，应及时进行新网页的首次保存。单击常用工具栏上的“保存”按钮，或者单击菜单栏上的“文件”→“保存”或“另存为”按钮，在首次保存时会出现如图1—37所示的“另存为”对话框。在其“文件名”框内输入所起的文件名，再单击该对话框右下角的“保存”按钮，即可将新建的网页以所输入的文件名存盘。

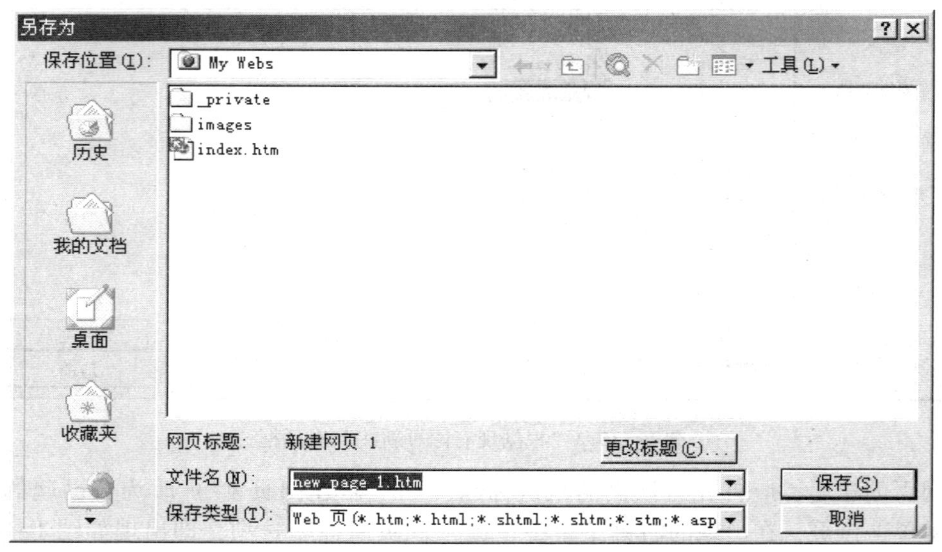

图1—37 “另存为”对话框

对网页文件名的取名是有限制的。如果是整个站点的首页，其文件名一般应取“index”，浏览者才能在输入该站点域名后自动打开首页。其他各页的文件名可以任取，但最好不要使用中文，英文的大小写也应统一，不要混用，最好都采用小写字母。这是因为中文在因特网的传输中容易产生乱码，中文文件名易发生链接错误。而网络服务器的操作系统（多用UNIX系列）跟单机的操作系统（多用Windows）是不一样的，对于文件名字母的大小写前者是敏感的，而后者并不加区分。当出现在本机上调试的网页间都能正常跳转，而到了网上就出现“找不到文件……”之类的链接错误时，应首先检查有关的文件名。

新建的网页一旦将标题和文件名这两项确定并存盘，该页即被固定到站点设置中，便能顺利地开展进一步的编辑操作。

习　　题

1. 解释下列概念。

（1）WWW　（2）超文本　（3）站点　（4）网页　（5）首页　（6）主页

2. 举例说明网页是如何组成站点的。网页中的超链接起到哪些重要作用？

3. 站点和网页的设计要遵循哪些基本原则？

4. 站点和网页的设计有哪些基本步骤？

5. 设计一个自己的个人站点，确定站点的标题和基本栏目，并简述每个栏目的主要内容或功用，画出该站点的层次结构草图和首页的版面编排草图。

6. 网页素材有哪几大类？每类素材又分为哪些类型？

7. 文本、图像和声音素材各应怎样收集？

8. jpg 和 gif 格式的图像文件各有哪些特点？存储时各要注意什么？

9. 将 Windows 桌面上的“我的电脑”和“我的文档”图标抓取下来，均调整为 50 像素 ×50 像素大小，再组接成一幅 gif 动画，并对其中一帧添加过渡帧（类型自选），经优化处理后，看谁制作的显示效果最好且文件尺寸又最小。

10. 收集预备制作个人主页可能要用到的各种素材，存放于一个临时文件夹中。

11. 以自定义安装方式进行一次安装 FrontPage XP 的实践。

12. FrontPage XP 的操作界面中，有哪些常用的栏目或窗格？绘出示意简图。

13. 在各工具栏中，找到下列按钮并绘出其图形：保存、切换窗格、撤销、Web 组件、插入文件中的图片、居中、字体颜色、手绘表格、垂直居中、平均分布各行。

14. 创建新站点有哪些方式？各有哪些优缺点？

15. 创建新网页有哪些方式？各自应怎样操作？

16. 按照自己的设计创建一个个人站点，并创建该站点中的主要网页，起好各页的标题和文件名后全部保存。

第 2 章　网页的基本编辑

2-1　表格的应用

网页中的表格使用非常频繁，几乎整个网页的结构布局都要靠巧妙地设计表格来实现。所以，网页的基本编辑首先是从学习表格的应用开始的。

一、创建表格

当一张空白的网页建好后，不能急于输入文本和插入图片，这样将很难调控各文本块或图片的排布位置。应该首先创建出用于布局划界的表格来，再将不同的文本块或图片各占一格地分别插入到表格中，依靠表格线的约束来实现它们在网页中的精确定位。

在网页编辑中创建表格的方式有手绘表格和插入表格两种，它们各有特点，下面来分别加以学习。

1. 手绘表格

单击位于表格工具栏的“手绘表格”按钮，或者单击菜单栏上的“表格”→“手绘表格”，在表格起始处按下鼠标左键，向对角拖动到表格结束处，拉出一个如图 2—1 所示的矩形框后松开左键，一个表格外框就画出了。再画该表格中的各条表格线，划分出各个单元格，直至整个表格绘制完成。

手绘表格的最大优点是可以自由操作，能直接创建出符合自己需要的表格，特别是不太规则的表格。但手绘表格不能画出包含于母表中的子表（俗称“表中表”），即表格嵌套。若要创建“表中表”，应该使用插入表格的创建方式。

2. 插入表格

先将光标定位于需要插入表格的地方，单击常用工具栏上的“插入表格”按钮，出现如图 2—2 所示的选表下拉框，按住鼠标左键向该框右下方拖动，选表区域将不断扩大，达到所需行列数时松开左键，所选表格即被插入到网页中。

插入表格的另一种方法为：单击菜单栏上的“表格”→“插入”→“表格”，出现如图 2—3 所示的“插入表格”对话框，设定好所插表格的行数和列数等参数后，单击“确定”按钮即可。

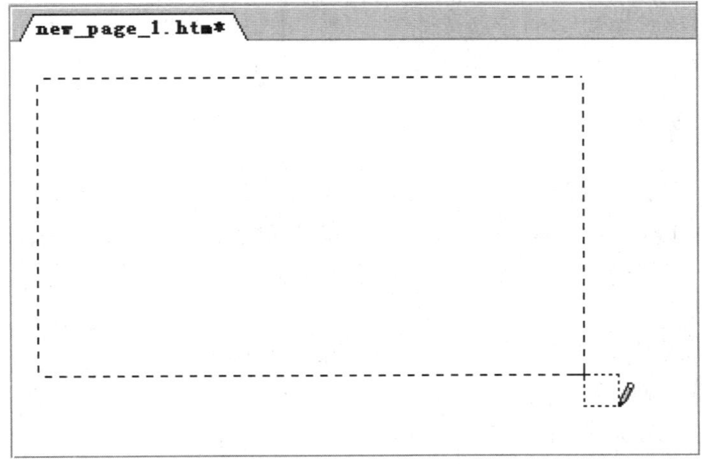

图 2—1　手绘表格的拉框操作

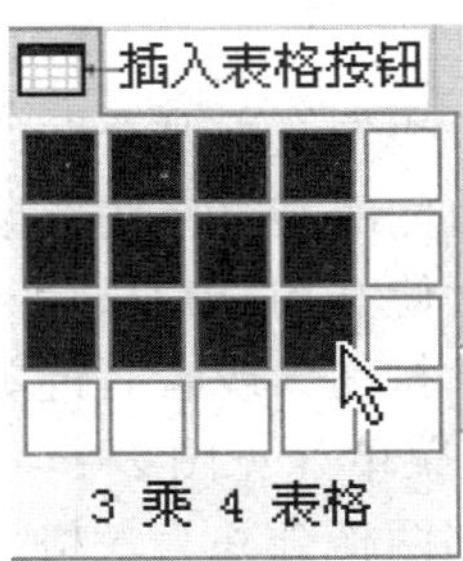

图 2—2　选表下拉框

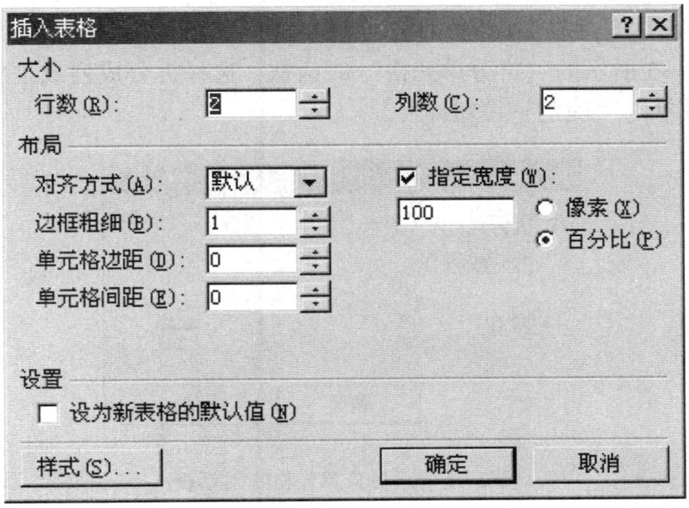

插入表格

大小

行数(R): 2　　列数(C): 2

布局

对齐方式(A): 默认　　☑ 指定宽度(W):

边框粗细(B): 1　　100　○ 像素(X)　◉ 百分比(P)

单元格边距(D): 0

单元格间距(E): 0

设置

☐ 设为新表格的默认值(N)

样式(S)...　　确定　　取消

图 2—3　“插入表格”对话框

这种插入表格的方式又称为“定制表格”，可一次设定较多的参数且比较准确。插入表格方式所创建的表格需要较多的改动才能符合网页排版的要求，故一般用于插入手绘表格方式所不能创建的“表中表”。

二、编辑表格

表格创建后，一般还要进行反复的编辑修改才能满足应用上的要求。在 FrontPage XP 中，有关表格的编辑功能极为繁杂，下面介绍几种常用的表格编辑功能。

1. 擦除表格线

单击表格工具栏上的“擦除”按钮，将橡皮形光标对准要擦除的表格线一侧，按住鼠标左键拖动到另一侧使该表格线变红，随即松开左键，即可将该线擦除。若要消除刚画出的表格线，更便捷的操作是单击常用工具栏上的“撤销”按钮。

2. 合并或拆分单元格

将多个相邻单元格合并为一格，须先选中要合并的各单元格，方法是将光标对准其中靠边侧的某格，按下鼠标左键不放，拖过所有要合并的单元格使其均反相显示。再单击表格工具栏上的“合并单元格”按钮，或者右键单击被选择的单元格区域，在出现的右键菜单（见图 2—4）中单击“合并单元格”选项。若将相邻两格合并为一格，则直接擦除其间的表格线更为便捷。

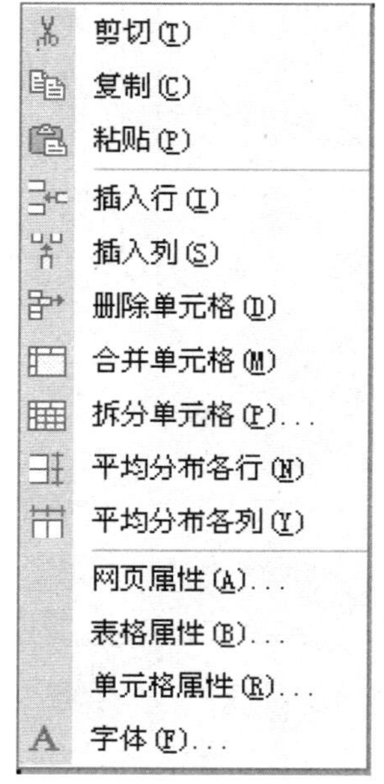

图 2—4　表格编辑右键菜单

将一个单元格拆分为多格，除了直接在该格中画线外，另一种方法是单击表格栏上的“拆分单元格”按钮，或者右键单击该格，再单击出现的右键菜单中的“拆分单元格”选项，即出现如图 2—5 所示的“拆分单元格”对话框，选择拆分成列或是成行，设定要分出的列数或行数后，单击“确定”按钮即可。

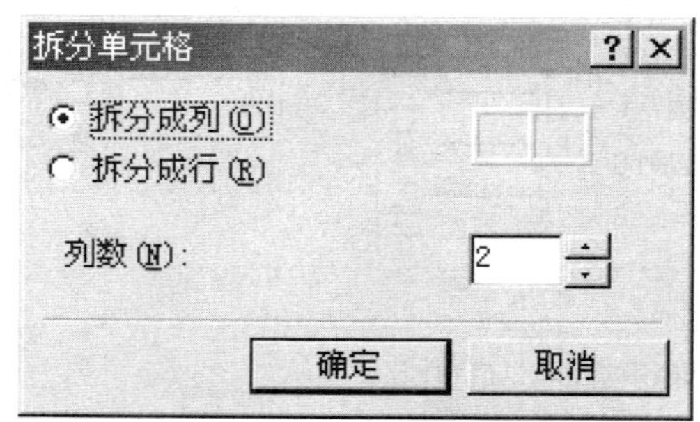

图 2—5　“拆分单元格”对话框

3. 拖动表格线

要调整表格或单元格的大小，最方便的操作就是拖动表格线。将光标压住要拖动的表格线，当光标变为双向箭头形时，按下鼠标左键不放，拖动表格线至目标位置后松开左键即可。

有时所拖动的表格线不能依照操作者的要求准确到位，这多半是由于紧邻该线的某单元格内插有图文内容，阻碍了表格线的移动。应先将有关单元格内的图文内容调整后，再做表格线的调整。

若临近表格线的单元格内看起来并无面积较大的图文内容，拖动表格线时却仍遇到"阻力"，这时要特别注意单元格内可能有看不见的空行或空格存在。单击常用工具栏右侧的"全部显示"按钮，可将平时隐藏起来的回车符等显示出来，有无阻碍表格调整的多余空行或空格便一目了然，若有应将其删去。

如果经过有关单元格的内容调整后，某些表格线依然不能拖动，这时可右键单击表格中的任意区域，在出现的右键菜单（见图 2—4）中选择"表格属性"选项，或者单击菜单栏上的"表格"→"表格属性"→"表格"，即出现如图 2—6 所示的"表格属性"对话框。将"指定宽度"或"指定高度"前的钩去掉，表格会发生某种程度的变形，再试着重新拖动有关表格线使其到位即可。

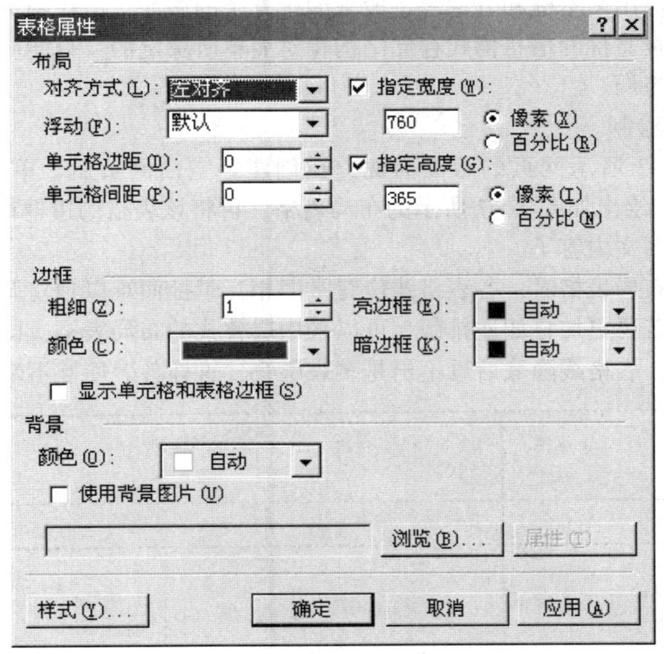

图 2—6　"表格属性"对话框

还有一种常见现象是整个表格或某单元格的宽度在编辑中已调好，但在浏览中却自行改变而使格中内容发生变形，其原因大多是表格或单元格的"指定宽度"的单位设置为"百分比"，可到"表格属性"对话框或"单元格属性"对话框中将其改设为"像素"。

4. 设置表格线的粗细

表格线又称表格边框。刚创建表格的边框粗细默认值为 1，但网页中多数表格的作用仅是帮助排版布局，即只显示表格中的内容，而表格线本身不需显示。这时可打开"表格属性”对话框，将表格边框的粗细设为 0，此后表格线在编辑状态下显示为虚线，在浏览状态下则完全隐藏。

5. 设置表格的对齐方式

设置整个表格的对齐方式，可按前述操作调出“表格属性”对话框，打开其“对齐方式”下拉框进行选择。格式工具栏中的“对齐方式”按钮只能设置单元格内所显示内容的对齐。

表格对齐方式一般设置为左对齐或居中，左对齐易于调整，居中则浏览效果较好，可适应不同大小的浏览窗口。要注意的是若一页上下堆叠有多个表格，则各表的对齐方式一定要统一，否则会在编辑和浏览中出现难以调整的错位现象。

三、运用表格编排版面

网页的版面通常是十分复杂的，特别是图文混排运用得比较多，文本和图片大都短小精巧，在有限的页面内要排下众多的大小形状各异的图文条块需要相当高的技巧。在 Word 文档的编辑中，能够应用文本框和分栏等手段来编排复杂的版面，但在网页的编辑中缺少这样的功能，这是由网页文件的信息格式存储结构相对简单所决定的，只能应用表格来替代文本框或分栏帮助排版布局。

1. 布局表格的绘制

以编排如图 1—3 所示网页的版面为例，在创建好空白网页后，单击表格工具栏上的“手绘表格”按钮，绘出如图 2—7 所示的布局表格，再将该表格的边框粗细设为 0，然后就可以在各格内填入图文内容了。

通篇只绘一个布局表格时，各表格线位置常因相互牵扯而难以独立调整，只适合于版面不太复杂的情形。若要更加自如地排版，可以采用层叠式的布局表格，即从上至下根据版面结构多画几个表格，表格线隐藏后看不出是多表层叠，这样各表便互不牵扯而能独立调整。

图 2—7　版面布局表格示例（通篇式）

例如，图 2—7 所示的布局表格可以画成如图 2—8 所示的样式，即上下分画多个表格，在其中一个表格的右侧还嵌入了一个“表中表”。

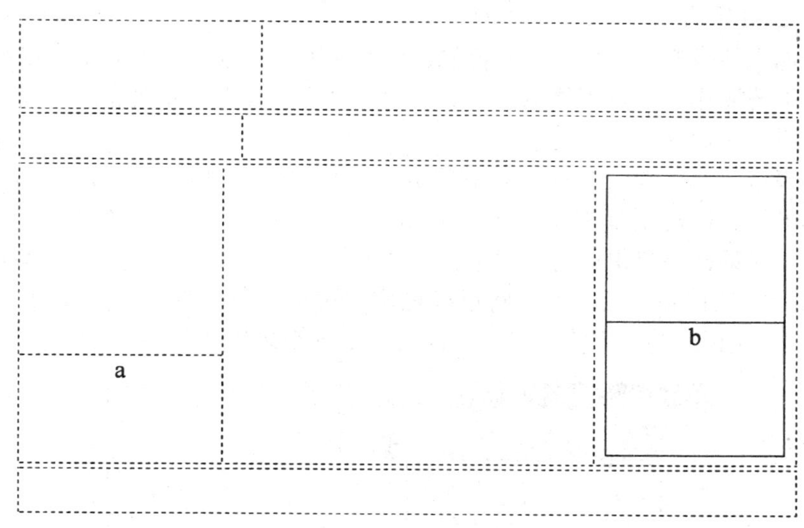

图 2—8　版面布局表格示例（层叠式）

在表格中嵌入“表中表”，可使左右或上下相对应的表格线脱离牵扯而能单独调整。如在图 2—8 的表中调整左边 a 线的高低，其右边相对的 b 线不会跟着移动。而在图 2—7 的表中，这两处的横线会始终保持同一高度，不能独立调整其位置。

2. 应用表格实现文字的竖排

由于网页编辑中没有竖排文本框可利用，要想实现竖排文字的编辑效果，必须先创建一个画有很多竖条的表格，并将表格线粗细设为 0 隐藏起来，再在竖条形单元格中输入文字，如图 2—9 所示。

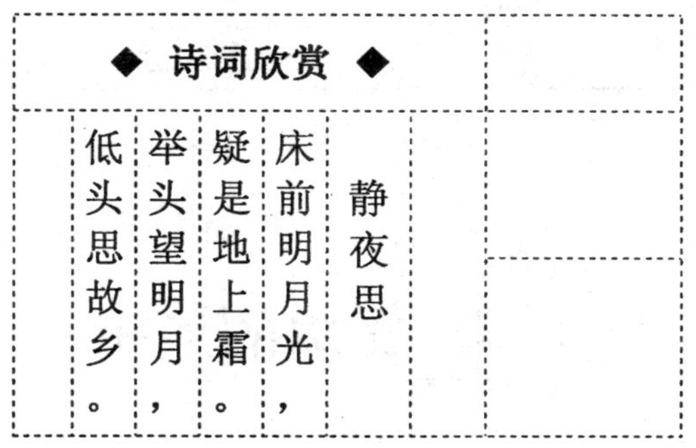

图 2—9　应用表格使文字竖排

只有一个字宽度的竖条单元格，可迫使汉字逐字自动换行。但在汉字与字符相邻的位置很可能不会自动换行，可在此处用 Shift + 回车键强制换行。如在图 2—9 中，每列诗的标点符号前都需要用 Shift + 回车键强制换行，才能保持本列文字的竖排。

各竖条间的距离若画得不均匀，可选定有关的相邻竖条单元格，单击表格工具栏上的“平均分布各列”按钮，即可调整均匀。

3. 使表格自由浮动

刚画出或插入的表格，其位置是固定的，仅靠在表内精细调整单元格进行排版布局，效率不高。按照下述操作方法将表格的定位设为“绝对”，整个表格便能在页面上自由浮动，大大便利了排版工作。

右键单击表格，在出现的右键菜单中单击“表格属性”选项，打开“表格属性”对话框，再相继单击位于该对话框左下角的“样式”→“格式”→“定位”，出现如图2—10所示的“定位”对话框，单击该对话框中“定位样式”一行中的“绝对”选项，然后连续三次单击“确定”按钮即完成操作。将鼠标悬停于表格的外边框上（要避开用于拖动表格线的小黑块），当光标变为十字箭头形时，即可拖动整个表格移动到任意位置。

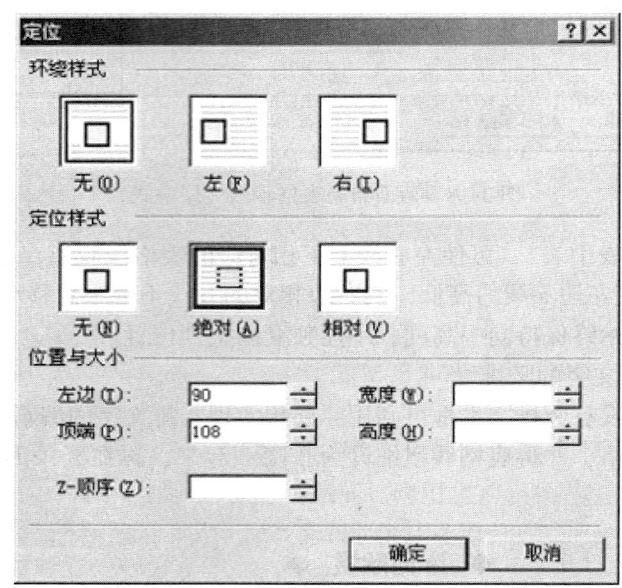

图2—10 “定位”对话框

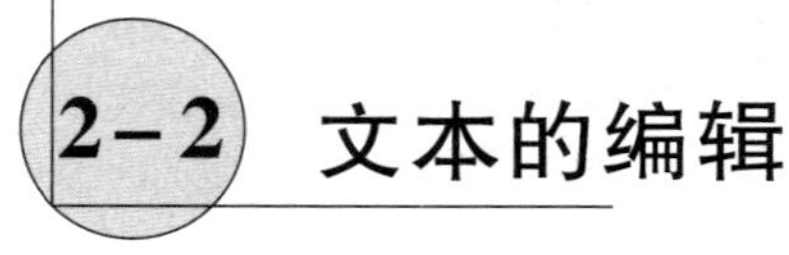

2-2 文本的编辑

FrontPage中的文本编辑与Word中的文本编辑有着十分相似的操作，但也有自己的一些特点，在学习中应注意它们的相同与不同之处。

一、修饰字体

修饰字体的操作包括设置字体形状、字号大小、加粗或倾斜显示、字体颜色或底纹颜色等，有分散修饰和集中修饰两种操作方式。

1. 分散修饰

分散修饰就是各个项目的设置一个一个地分别进行，如果每处修饰对象只需改变一两项设置，则以分散修饰方式更为快捷。分散修饰的操作特点是先选定要设置的文本，使其反相显示，再单击格式工具栏上的有关按钮，即可迅速得到修饰的结果。经常使用的操作项目有以下几项。

（1）设置字体。选定要设置字体的文本，单击格式工具栏上“字体”下拉框右侧的“▼”按钮，出现选择字体的下拉菜单，再单击其中的一种字体选项即可完成设置。

Windows XP 系统平台提供了宋体、仿宋、楷体和黑体四种基本字体，Office XP 办公组件又添加了隶书、幼圆、行楷、新魏、彩云、舒体、姚体、中宋和细黑等扩充字体。网页中的默认字体是宋体，也就是未设置字体的文本将按宋体显示，故凡按宋体显示的字体无须设置字体。

网页中的正文一般都是小字，按宋体显示更清晰，不建议设置成其他字体。网页中较大的标题字可以设置为黑体、楷体或仿宋等，但应避免直接使用特殊字体，因为若计算机上缺少该字体字库，网页制作者设置的字体到浏览者那里就有可能看不到应有的字体效果。如果必须使用特殊字体，宜在设定后将标题字转为图片，再删去该标题字，将图片插入此处。

（2）设置字号。选定要设置字号的文本，单击格式工具栏上“字号”下拉框右侧的“▼”按钮，出现选择字号的下拉菜单，再单击其中的一种字号选项即可完成设置；或者单击格式工具栏上的“增加字号”或“减小字号”按钮，可逐级增减字号。对于标题字，还可单击位于格式工具栏的“样式”下拉框右侧的“▼”按钮，在出现的下拉菜单中单击“标题 1”至“标题 6”中的一个选项。

上面这种设置字号的常规方式有一个缺陷，就是所设置的字号是相对的，因为文字的实际大小还取决于浏览器的设置，如在 IE 浏览器“查看”菜单的“文字大小”子菜单中就有五种字体大小选项，这就造成同一字号的文字在不同的计算机上也可能显得大小不一，网页的版面便易发生变形。对于排版布局要求较为精细的网页，为避免此种现象的发生，多采用后面介绍的集中修饰方式中设置自定样式的方法来使字体大小绝对化。

（3）设置字形。选定要设置字形的文本，单击格式工具栏上的“加粗”或“倾斜”按钮，即显示出加粗或倾斜的效果。

在这两个按钮旁还有一个“下划线”按钮，通常情况下很少使用该按钮，因为加有下划线的文本在网页中默认为设有超链接，而超链接处的下划线是由系统自动加的。

（4）设置字体颜色。选定要设置字体颜色的文本，单击格式工具栏上“字体颜色”按钮右侧的“▼”按钮，出现如图 2—11 所示的“选择颜色”对话框（仅有 16 种标准色），单击选中所需颜色后，再单击“确定”按钮即可完成设置。

如果图 2—11 中的颜色不够用，可单击该对话框中的“其他颜色”选项，将出现如图 2—12 所示的“其他颜色”对话框，有 256 色可供选择。

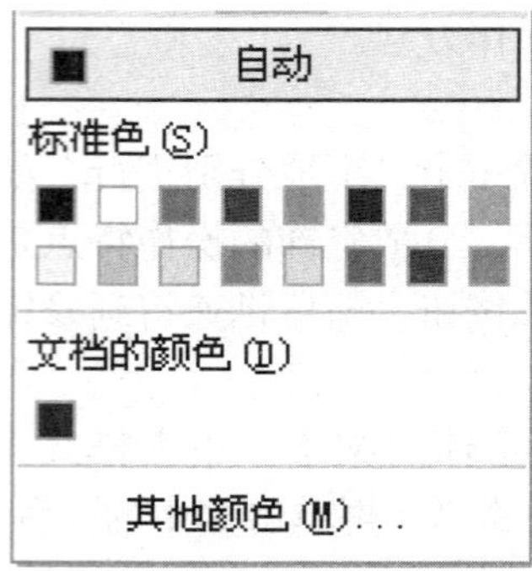

图 2—11 “选择颜色”对话框（标准 16 色）

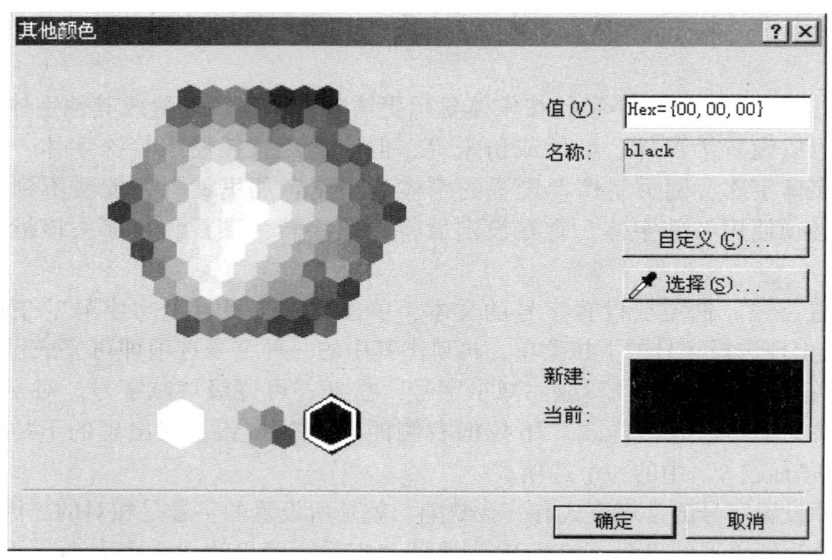

图 2—12 “其他颜色”对话框（256 色）

如果仍不够用，则可单击该对话框中的“自定义”按钮，将出现如图 2—13 所示的“颜色”对话框（又称 Windows 标准调色盘），可调出更多颜色。

在 Windows 标准调色盘中调色的方法是，先单击右边调色区内与所需颜色十分接近的颜色，再上下拖动右侧柱状区域边上的小黑三角来改变所选颜色的明暗，还可到右下角的各参数输入框中去直接修改颜色参数（如红、绿、蓝三原色的值，输入 0 ~ 255 的数），直至中下部的预览框中显示的颜色符合要求，再单击“确定”按钮。

（5）设置突出显示颜色。选定要设置突出显示颜色的文本，单击格式工具栏上“突出显示”按钮右侧的“▼”按钮，将弹出与前述设置字体颜色时一样的对话框，选出一种颜色后单击“确定”按钮即可完成设置。

突出显示颜色要选择与字体颜色对比鲜明的颜色，两者最好互为相反色，如红色对蓝色。可借助“其他颜色”对话框来观察，相反色就是对角色（图 2—12 中隔着中心白色对角的颜色）。

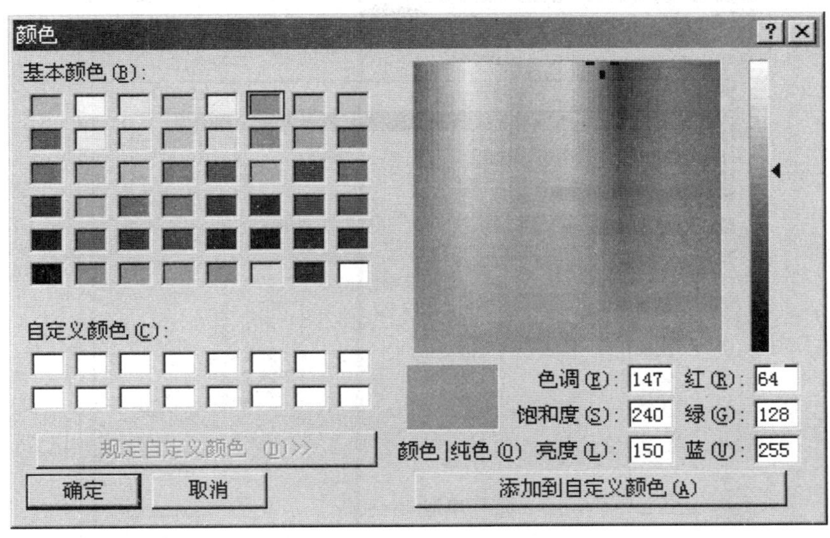

图 2—13　“颜色”对话框

2. 集中修饰

集中修饰就是将多项设置集中在一起进行，当某处修饰对象所要设置的项目较多时宜于采用。

（1）简单集中修饰。首先选定要修饰的文本，再单击菜单栏上的“格式”→“字体”（或者右键单击所选定的文本，再单击出现的右键菜单中的“字体”选项），即出现如图 2—14 所示的“字体”对话框。在该对话框中可以集中设置字体、字形、字号和字体颜色，还可设置部分效果（对于中文字符集而言只有下划线、删除线、上划线、上标和下标等效果是有效的）。分别选择设定好各有关项目，单击“确定”按钮即可。

在设置过程中，若想边看效果边选择如何设置，则可单击对话框右下角的“应用”按钮，即可观察到所设置文本的显示效果发生相应改变，而对话框并不消失。如果对某项效果不满意，可在该对话框中重新设置该项，再次单击“应用”按钮来观察，直至满意为止，然后单击“确定”按钮完成设置。

（2）通过设置自定样式来修饰。“样式”又称“风格”，是一套统一的参数规范，能集中控制文本的许多显示效果。在网页中除可应用现成的样式（选定文本后到格式工具栏上的“样式”下拉框中单击样式选项），还可应用自行设定的样式。特别是对字号的控制，经修改样式设定的字号在网页文本中显示时不再受浏览器的影响而发生不可预知的变化。

单击菜单栏“格式”→“样式”，即出现如图 2—15 所示的“样式”对话框。在其左边列出了各种样式名称，如“p”是表格外的文本样式、“table”是表格内的文本样式。这些样式是系统已编排好的，各有自己的默认格式，但可修改为用户所需的格式以控制字体的显示。

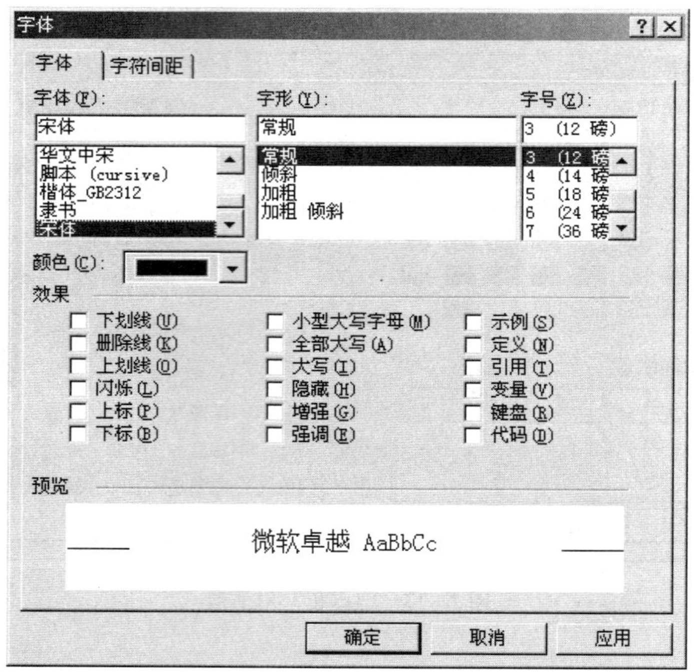

图 2—14 “字体”对话框

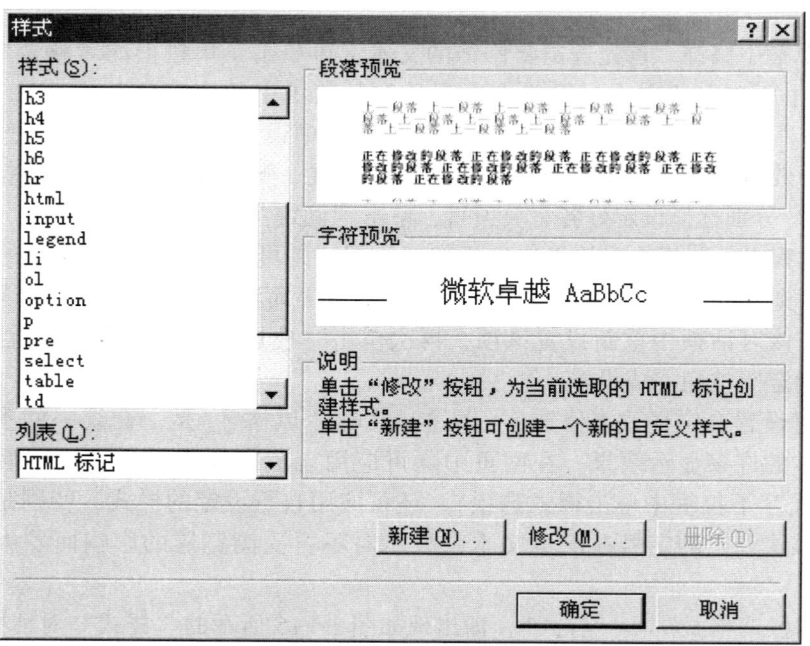

图 2—15 “样式”对话框

以修改名为“table”的样式为例，先在“样式”对话框中选定“table”，单击“修改”按钮，即出现如图 2—16 所示的“修改样式”对话框。

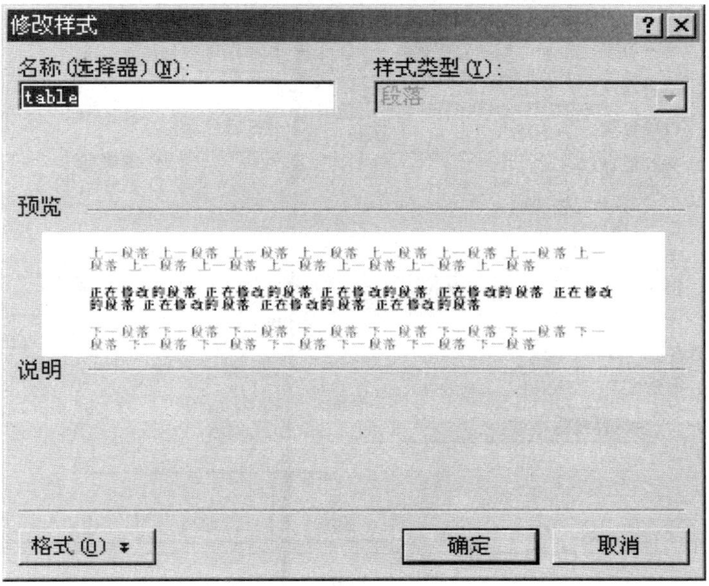

图 2—16　“修改样式”对话框

单击该对话框左下角的“格式”→“字体”按钮，即出现“字体”对话框（见图 2—14），将需要修改的项目设置好，如在字号框中选择 9 磅，再连续三次单击“确定”按钮，新设置的样式即生效。这时可看到所有表格中尚未设置格式的文本都显示为 9 磅字大小，且无论浏览器的字体大小如何改变，网页上的字体大小都不会改变，整个网页的版面结构不会变形。

上述直接从菜单栏调出“样式”对话框修改的样式会影响整个网页的布局。若只想使自行设定的样式影响一个局部，如为一个单元格中的字体设置固定字号，可右键单击被选择的单元格区域，在出现的右键菜单中单击“单元格属性”选项，打开“单元格属性”对话框（见图 2—17），单击其“样式”→“格式”→“字体”，再在出现的“字体”对话框中设定所需字号，然后单击“确定”按钮即可。

二、调整位置

各个不同内容块在网页中的位置，首先依靠各自所在的布局单元格来大致定位，然后要通过设置对齐方式、缩进和边距等才能精确定位。

1. 设置对齐方式

（1）设置水平对齐方式。单击要设置段落中的任何一处（只要光标位于该段落中即可），再根据需要单击格式工具栏上的“左对齐”“居中”“右对齐”或“两端对齐”等按钮中的一个，即可设定水平方向上的对齐方式。其中“两端对齐”即左、右端均对齐，这在字数较多的多行段落中才能观察到效果。

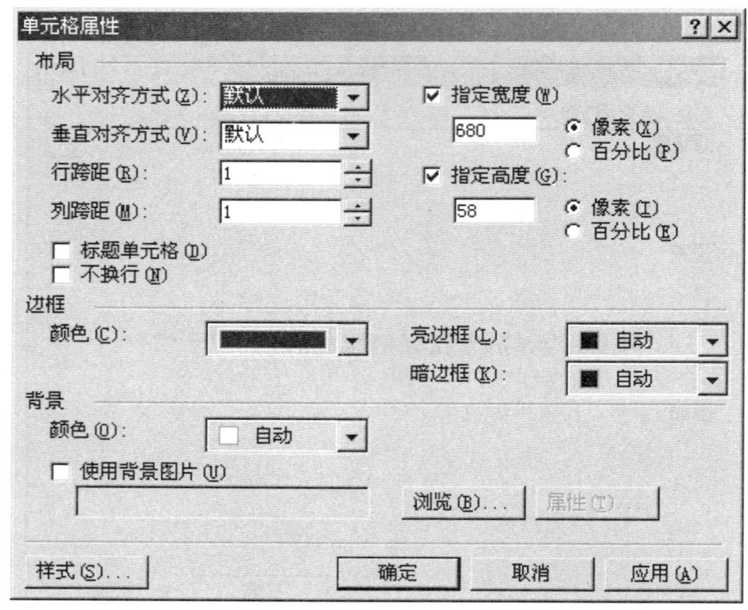

图 2—17 “单元格属性”对话框

在设置水平居中时，采用在首字前加打空格的方法，虽可将有关文本“推”到居中位置，但这个位置是固定的，不能随着单元格宽度的调整而始终保持居中。故应采用单击“居中”按钮的方法来达到自动保持居中位置的效果。

（2）设置垂直对齐方式。与水平对齐不同，垂直对齐不能对某个段落单独设置，而是对整个单元格内的内容一起设置。

单击要设置的单元格（只要光标位于该格中即可），再根据需要单击表格工具栏上的“靠上对齐”“垂直居中”或“靠下对齐”按钮中的一个，即可设置垂直方向上的对齐方式。

（3）集中设置水平和垂直对齐方式。水平和垂直对齐方式还可以通过对话框来集中设置，右键单击要设置的单元格，在出现的右键菜单中单击“单元格属性”选项，即出现如图 2—17 所示的“单元格属性”对话框，分别调出水平对齐方式和垂直对齐方式的列表框，单击所需要的选项后，再单击“确定”按钮即可。

在“单元格属性”对话框中设置的水平对齐方式，其优先权没有前述通过单击格式工具栏上按钮设置的高，也就是如果分别按这两种方式设置了不同的水平对齐方式，系统将按单击格式工具栏设置的效果显示。在图 2—18 所示的“段落”对话框中也能设置水平对齐方式，这与单击格式工具栏设置是等效的。

2. 设置缩进

（1）设置首行缩进。首行缩进就是在每个段落的首字前留空，可直接在段首按空格键来产生首行缩进效果，也可通过段落设置来精确设定。

单击所要设置段落中的任意位置，再单击菜单栏上的“格式”→“段落”，或右键单击要设置的段落，再单击出现的右键菜单中的“段落”选项，即出现如图 2—18 所示的“段落”对话框。在“首行缩进”框内填入要缩进的像素点数（可以通过试验来决定，缩进 24 个点相当于缩进两个 10 磅汉字，缩进 32 个点相当于缩进两个 12 磅汉字……），再单击“确定”按钮即可。

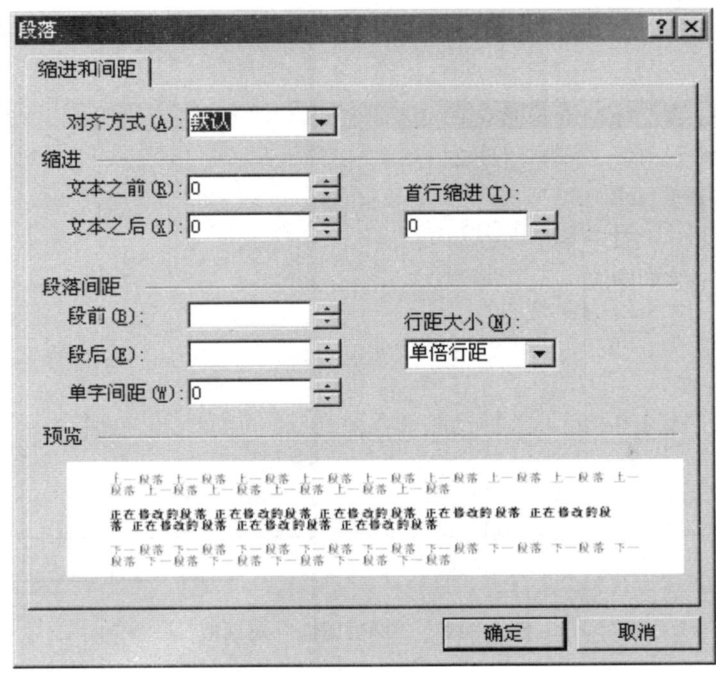

图 2—18　“段落”对话框

（2）设置文本前后的缩进。文本前后的缩进又称左右缩进，也就是文本段落的左右边界。

单击要设置的段落，再单击格式工具栏上的“增加缩进量”或“减少缩进量”按钮，就可同时调整文本前后的缩进。

要单独调整这两个缩进，可在如图 2—18 所示“段落”对话框的“文本之前”和“文本之后”框内输入要缩进的点数，然后单击“确定”按钮即可。

3. 设置边距

（1）设置单元格边距。单元格边距就是单元格内所有内容块的周边与四周表格线间的距离，其默认值是 0，许多情况下这个数值显得太小，会使文本紧贴表格线而不太美观，故常要适当调大。注意：单元格边距是在表格属性中设置的，其变动会影响整个表格的各单元格。

右键单击要设置单元格边距的表格，在出现的右键菜单中单击“表格属性”选项，出现“表格属性”对话框（见图 2—6）后，在“单元格边距”框内输入所需数值，单击“确定”按钮即可。

在表格线隐藏时，调整“单元格间距”与上述调整“单元格边距”所显示的效果是一样的，也可改变各格内容间的相对位置，其设置方法相同。

（2）设置网页边距。网页边距是网页内所有内容与网页的上边界和左边界之间的距离，影响本页内容的整体定位。一般情况下该边距是不必修改的，但若网页内容很拥挤或很宽松

（特别是在左右方向上），可以适当将网页边距调小或调大来改善显示效果。

右键单击网页中任何一处，在弹出的右键菜单中单击“网页属性”选项，出现“网页属性”对话框，再单击该对话框上部的“边距”标签，出现如图2—19所示的操作界面，在“指定上边距”或“指定左边距”前的复选框内打钩，然后设定所需数值，单击“确定”按钮即可。

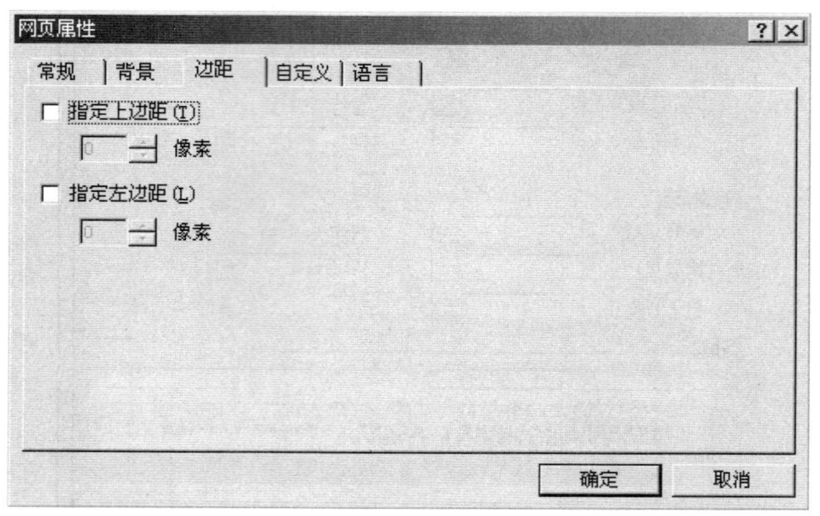

图2—19　“网页属性”对话框

三、控制间距

文本的间距包括字距、行距和段距，这三大间距在很大程度上影响着文本块显示的美观程度。网页内容的布局通常非常紧凑，所以将各种间距调整合适显得尤为重要。

1. 设置字距

先选定要设置字距的文本（注意若是设置一整段就要将全段都选中，而不是只将光标放在段中），再单击菜单栏上的“格式”→“字体”，或者右键单击所选定的文本，再单击右键菜单中的“字体”选项，在出现的“字体”对话框中，单击“字符间距”标签，打开如图2—20所示的“字符间距”选项卡。单击其“间距”框右侧的“▼”按钮，出现包括“普通”“加宽”和“紧缩”选项的下拉菜单，若选择“加宽”或“紧缩”，则“间距大小”框中的数值会自动显示为1磅，可调整该值为所需大小，最后单击“确定”按钮即可。

当字数较少时（如标题），也可采用在字间加打空格的方法来加宽字距。

2. 设置行距

行距是一段文本中各行之间的距离，行距的设置是以段落为单位进行的，也就是同一段落中的行距相同。

首先选定要设置的对象。如果只对一个段落进行设置，单击一下该段落中的任意位置，只要光标处于该段中即可；如果对多个相邻段落进行设置，则可按住鼠标左键不放，从开始段中的任意位置拖动到结尾段中的任意位置，即出现反相显示区域跨于各段。

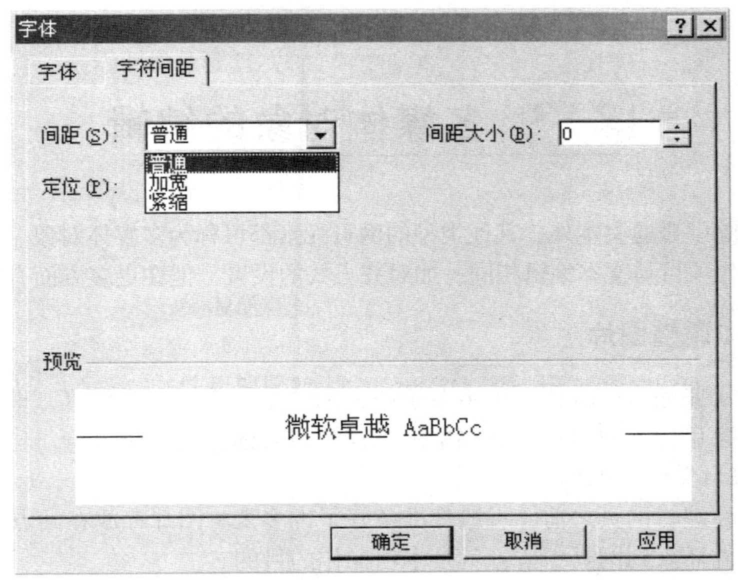

图 2—20　“字符间距”选项卡

然后单击菜单栏上的“格式”→“段落”，或者右键单击对象段落，在弹出的右键菜单中单击“段落”选项，打开“段落”对话框（见图 2—18），单击“行距大小”框右侧的“▼”按钮，在下拉菜单中单击选择“单倍行距”“1.5 倍行距”或“双倍行距”等选项，再单击“确定”按钮即可。

单倍行距的大小为 100%，实际效果是段内各行间几乎紧贴；1.5 倍行距的大小为 150%，各行间约间隔一个 10 磅字的高度；双倍行距的大小为 200%，各行间约间隔一个 14 磅字的高度。

若要精细设定行距，可在上述“行距大小”框内直接输入任意的百分数，如 120%、80% 等。这里的数字和百分号一定要以半角方式输入。对于普通的小字正文段落，当行距设为 110% ~130% 时，整个段落看起来最为自然和谐。

3. 设置段距

段距是某个段落与前后相邻段落之间的距离。段距的默认值偏大，如果只设置行距而不设置段距，则各段之间会因间隔过大而不美观。

设置段距同样要先选定所要设置的对象，其选定方法与行距的设置完全相同。然后进入“段落”对话框，在“段前”“段后”框中设定所需的段距数值，对于普通的正文段落以 0 ~3 为佳，再单击“确定”按钮即可。注意“段前”“段后”的值应全部设置（一般取相同的数值），如果只设置其中的一项，则看不到段距的改变效果。

此外，还可用段间键入大小回车的方法来控制段距。空按回车键一次便增加一个空行，所打出的又称“大回车”。左手先按住 Shift 键不放，右手再按回车键，打出的是不产生空行的“小回车”。应注意的是，以“小回车”相隔的若干段落，始终具有相同的行距和段距等段落属性，也就是组成了一个段落群，修改其中一段的属性则群内其他各段也会同步改变属性。

2–3 多媒体对象的编辑

在网页中，除了普通文本外，其他类型的网页元素都可称为多媒体对象。对于多媒体对象的编辑，有的操作项目与文本编辑相同，如对齐方式的设置，但在更多方面有其自身特点。

一、插入和调整图片

先将光标置于要插入的位置，单击菜单栏上的“插入”→“图片”，即出现如图 2—21 所示的插入图片菜单。下面着重对该菜单中比较常用的选项进行介绍。

1. 插入“来自文件”的图片

网页制作者在编辑网页之前，一般都准备好了许多素材图片存放在站点文件夹中，将这些现成的图片文件插入到网页中去，就是本项操作的目的。

在图 2—21 所示的菜单中单击“来自文件”选项，或者直接单击常用工具栏上的“插入文件中的图片”按钮，便出现如图 2—22 所示的“图片”对话框，在左边文件夹列表中单击选中一幅图片，在右边即可看到该图片的预览效果，再单击该对话框右下角的“插入”按钮，或者双击左边列表中的图片文件名，所选中的图片便可插入到目标位置。

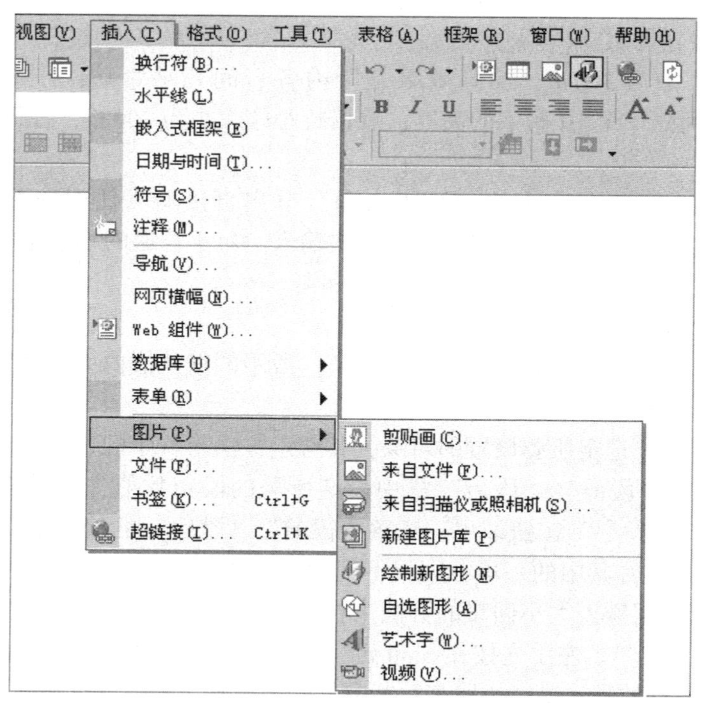

图 2—21 插入图片菜单

图 2—22　“图片”对话框

也可以采用直接拖动的方法插入图片，即从 FrontPage XP 编辑器左边的“文件夹列表”(如果该列表不存在，单击常用工具栏上的“切换窗格”按钮即可出现）中选取一个图片，按住鼠标左键不放，将其拖入右边编辑区内网页上的相应位置。该方法的缺点是选取图片时没有预览功能。

图片插入后，即可对其进行各种编辑排版操作。

先单击选中该图片，其四周会出现 8 个小方格，可单击格式工具栏上的“左对齐”“居中”或“右对齐”等按钮来调整其横向位置，或单击表格工具栏上的“靠上对齐”“垂直居中”或“靠下对齐”等按钮来调整其纵向位置。使光标压住被选中图片边角上的小方格，待光标变成双向箭头形时，按住鼠标左键不放进行拖动即可调整图片大小。

双击插入的图片，或者右键单击图片，再单击出现的右键菜单中的“图片属性”选项，即出现如图 2—23 所示的“图片属性”对话框。若前面通过拖动调整了图片的大小，则“大小”栏下的“指定大小”复选框被勾选，此时可在“宽度”或“高度”框中输入具体的数值来精细调整图片大小。若因调整效果不佳，想恢复图片原状，则单击“指定大小”复选框，将钩去掉即可。

单击该对话框上的“常规”标签，可打开如图 2—24 所示的“常规”选项卡。在“替代表示”栏下的“文本”框中输入一行介绍该图内容或作用的说明文字，浏览时当光标悬停于该图上时就会显示这行说明文字。

单击“常规”选项卡左下角的“样式”→“格式”→“定位”，会出现“定位”对话框（见图 2—10)，单击选择“绝对”后，再连续三次单击“确定”按钮，所设置的图片会浮动起来，可自由拖动到网页中的任意位置。

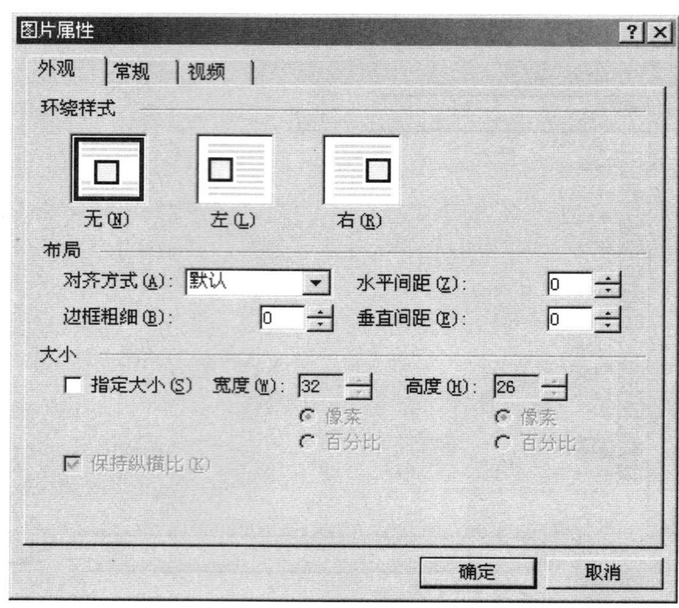

图 2—23 “图片属性”对话框（外观）

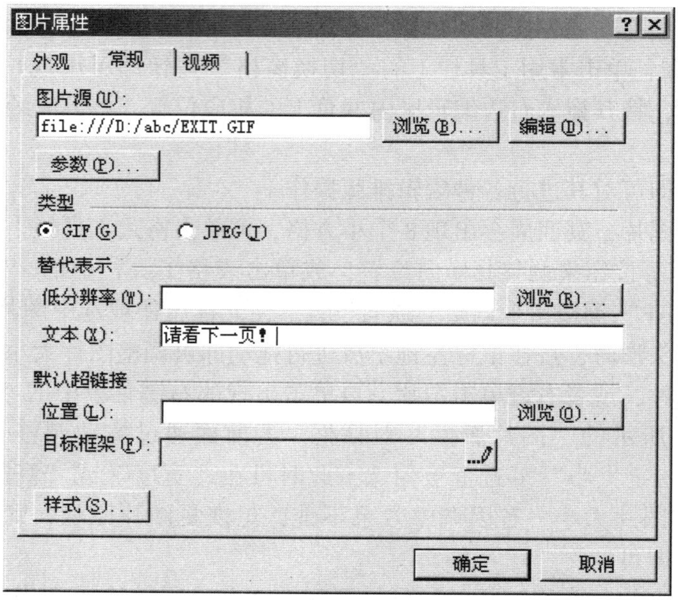

图 2—24 “图片属性”对话框（常规）

2. 插入“自选图形”

“自选图形”是 Office 软件预先制作好的多组简单几何图形，供文档编辑时选用。在网页中可以作为花边小图案或者特殊符号使用。

在插入图片菜单（见图 2—21）中单击“自选图形”选项，出现自选图形工具栏，自左至右列有“线条”“基本形状”“箭头总汇”“流程图”“星与旗帜”“标注”和“其他自选图形”等选项，单击其中某一选项如“基本形状”，便出现如图 2—25 所示的该项下拉菜单。单击选择其中的一个图形，光标便变为十字形，再到欲插入图形处拖放即可得到所选图形。

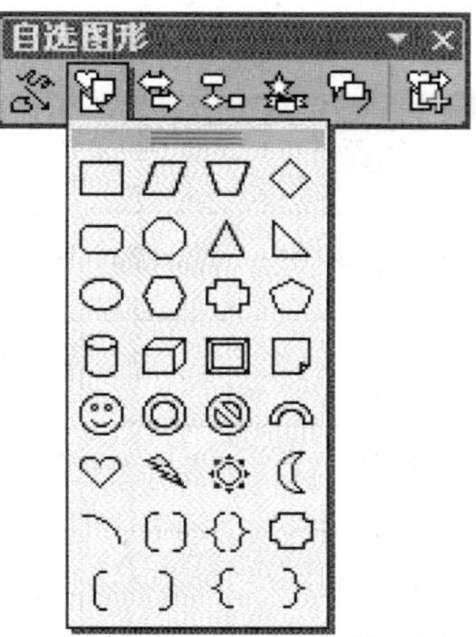

图 2—25　“自选图形”工具栏及“基本形状”下拉菜单

自选图形插入后，单击该图形将其选定，使光标压住其四周的白色小方格拖动可调整大小，压住绿色小方格拖动可进行旋转，压住黄色小方格拖动可改变形状。双击所插入的图形，则出现如图 2—26 所示的“设置自选图形格式”对话框，可设置填充颜色将其染色，设置线条颜色为其勾边等。

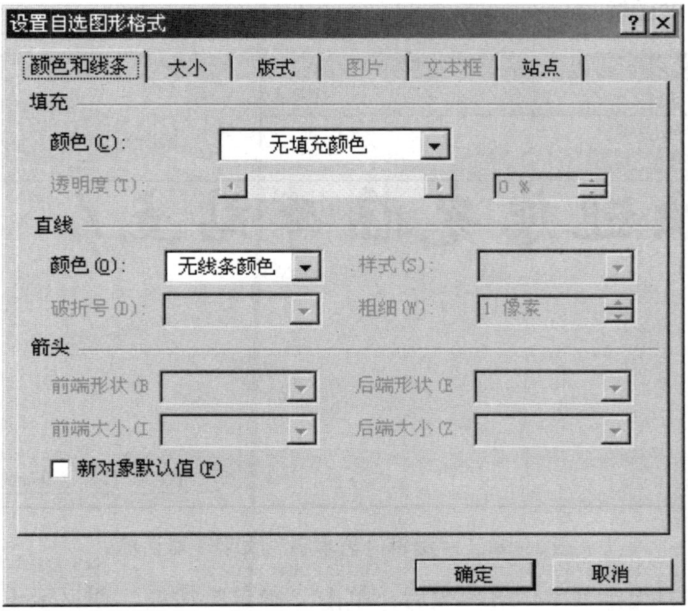

图 2—26　“设置自选图形格式”对话框

3. 插入“艺术字”

“艺术字”实为一种转化为图形的文字，广泛应用于文档的标题或标语式插图。在网页中直接使用艺术字，比插入效果相当的外源性图片所增加的文件字节量要小得多。

在插入图片菜单（见图 2—21）中单击“艺术字”选项，即出现如图 2—27 所示的“‘艺术字’库”对话框。

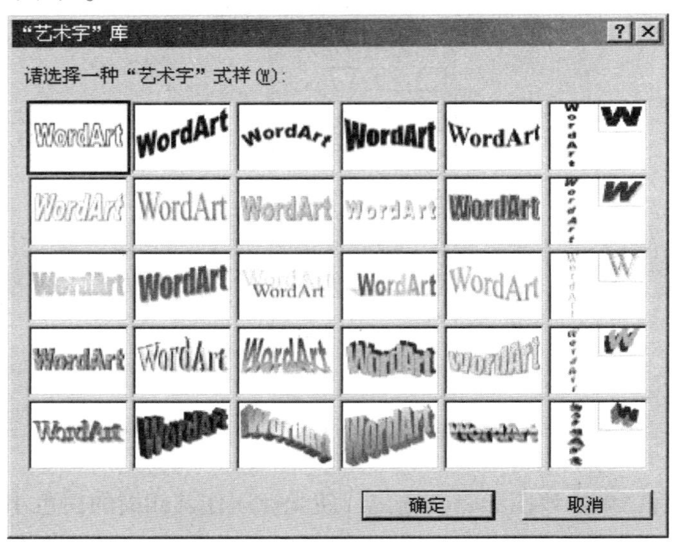

图 2—27 “‘艺术字’库”对话框

从中单击选择一种式样后，再单击“确定”按钮，即出现如图 2—28 所示的“编辑‘艺术字’文字”对话框。

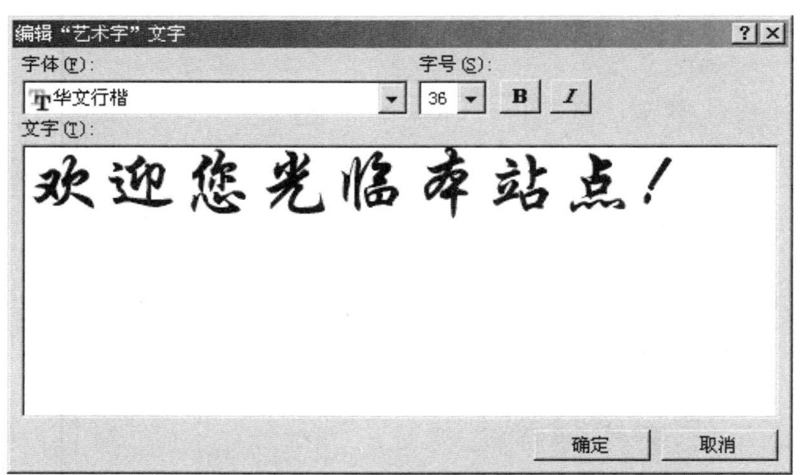

图 2—28 “编辑‘艺术字’文字”对话框

输入一行文字并设定其字体等参数后，单击“确定”按钮，便显示出所插入的艺术字，同时在所插艺术字旁出现“艺术字”工具栏，供进一步编辑修改时使用，如图 2—29 所示。

图 2—29　艺术字样例及“艺术字”工具栏

“艺术字”工具栏上自左至右列有“插入艺术字”“编辑文字”“艺术字库”“设置艺术字格式”“艺术字形状”“艺术字字母高度相同”“艺术字竖排文字”“艺术字对齐方式”和“艺术字字符间距”等选项，其中“插入艺术字”选项是进行重新插入艺术字的操作，其余选项则是针对当前已插入的艺术字进行相应的编辑处理。

二、设置背景色和背景图片

给大块的网页内容设置一个或一组协调的背景，会使浏览效果更加赏心悦目。可以用颜色或图片来设置背景，但要设置得恰到好处，不能滥用。

背景色或背景图片的选用原则是：对于图文内容比较琐碎密集的网页宜用颜色做背景，对于内容比较空旷的网页可选用图片做背景，背景色或背景图片应与网页内容之间在色调上有明显反差，并避免采用过于刺眼的颜色或过于花哨的图片做背景。

按背景设置范围由大到小，可分为网页背景、表格背景和单元格背景三类，分别在网页属性、表格属性和单元格属性的对话框中进行设置，具体设置方法基本相同。

1. 设置网页背景

首先右键单击网页中的任意位置，在出现的右键菜单中单击“网页属性”选项，出现“网页属性”对话框，再单击该对话框上的“背景”标签，出现如图 2—30 所示的“背景”选项卡。

若设置背景色，可单击“颜色”下方的“背景”下拉框右端的“▼”按钮，在选择颜色的对话框（见图 2—11）中进行选择。

若设置背景图片，则先在“背景图片”前的复选框打钩，再单击下面的“浏览”按钮，即出现“选择背景图片”对话框（其外观与图 2—22 所示的“图片”对话框相同），找到一幅适宜的图片后，双击该图片（或单击该图片后再单击“打开”按钮）将其打开，若需设置浏览时不随内容滚动的背景，则可在“水印”前的复选框中打钩，最后单击“确定”按钮即可。

2. 设置表格背景

右键单击目标表格中的任意位置，在出现的右键菜单中单击“表格属性”选项，出现“表格属性”对话框（见图 2—6）。如果设置表格背景色，可单击“背景”栏下“颜色”下拉框右端的“▼”按钮，在出现的对话框中选择颜色。如果设置表格背景图片，可单击勾选“使用背景图片”→“浏览”，再打开所需图片。

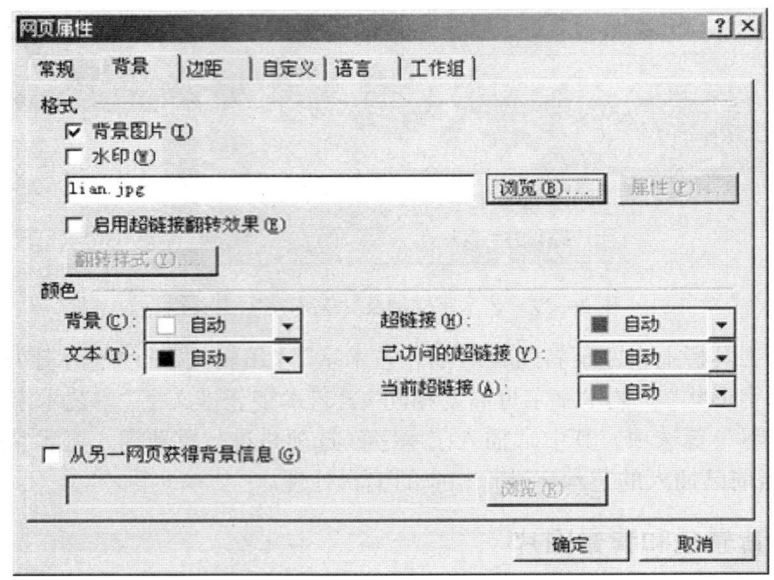

图 2—30 “网页属性”对话框（背景）

3. 设置单元格背景

右键单击目标单元格，在出现的右键菜单中单击“单元格属性”选项，打开“单元格属性”对话框（见图 2—17）。如果设置单元格背景色，可单击“背景”栏下“颜色”下拉框右端的“▼”按钮，在出现的对话框中选择颜色。如果设置单元格背景图片，可单击勾选“使用背景图片”→“浏览”，再打开所需图片。

设置成背景的图片与前一小节所述插入正文的图片的区别是不能用拖动的方法来调节大小。如需改变背景图片的大小，必须在被 FrontPage 调用之前，用其他图像处理软件将其打开，进行缩放处理后重新保存，再回到网页编辑中将其设为背景。

三、插入背景音乐

在网页浏览中，不断地自动反复播放的曲子，就是背景音乐。

对背景音乐的基本要求，一是曲调要与内容主题协调，如娱乐内容的网页宜采用欢快的乐曲；二是音乐文件的字节数不能太大，过大会影响网页在浏览时的载入速度。

背景音乐常采用 mid 格式的文件，此格式的最大优点是文件小巧而且音质优美。wav 格式的音响文件如果短小也可采用，因为这类文件能通过“录音机”软件自行录制，适宜录制一句网页“开场白”或者一段特殊音效，但应设置有限播放次数。

插入背景音乐的方法是：右键单击网页中任意一处，在出现的右键菜单中单击“网页属性”选项，出现“网页属性”对话框，单击该对话框中“背景音乐”栏下“位置”框右侧的“浏览”按钮，即出现“背景音乐”对话框（见图 2—31），双击要插入的背景音乐文件名，“位置”框中即出现所选音乐文件的文件名。若想限定背景音乐的播放次数，可将默认的“不限次数”复选框前的钩去掉，并在“循环次数”框中输入播放次数，最后单击“确定”按钮即可。

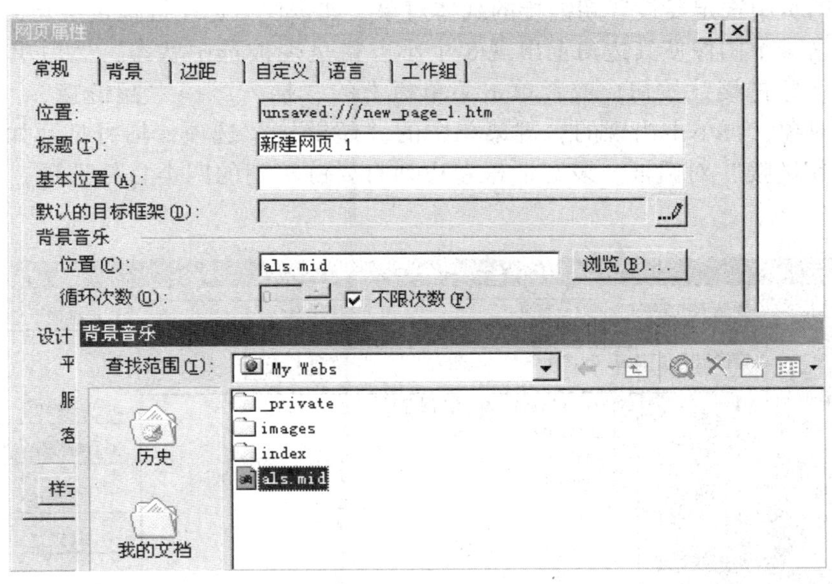

图 2—31　“网页属性”及“背景音乐”对话框

2-4 超链接的设置

超链接是 WWW 的一个重要组成部分，通过四通八达的超链接构建了现代的互联网，使上网者能够在浩瀚的网络世界中轻松地漫游。对于网页开发者来说，当站点中主要的网页基本编成后，相互间用超链接连接起来就成了至关重要的任务。

一、超链接的属性和类型

超链接有两个重要属性：一是链接的载体（对谁设置超链接），网页中的任何一处文字、图片、视频或组件均可设置超链接；二是链接的目标（所设置的超链接指向谁），网上的任何网页、本页中的某个部位、E-mail 信箱乃至存储在本机中的普通文件均可成为链接目标。在设置某个超链接时，必须有具体的载体和目标。

根据所设链接的载体不同，可将超链接分为文字超链接、图片超链接和组件超链接三大类，其中图片超链接包括动画和视频超链接，组件超链接包括滚动字幕、悬停按钮等超链接。

根据链接的目标不同，可将超链接分为网页间超链接、书签超链接（网页内超链接）、电子邮件超链接和非网页文件（如 doc 文档、ppt 演示文稿）超链接四种类型。

二、超链接的设置方法

首先在网页中选定要设置超链接的载体对象，如按住鼠标左键拖过某句文本使其反相显示，或单击某个图像使其边角上出现 8 个小方格呈现被选中状态，然后单击常用工具栏上的“插入超链接”按钮，或者单击菜单栏上的“插入”→“超链接”，或者右键单击所选定的对象，再单击出现的右键菜单中的“超链接”选项，均可打开如图 2—32 所示的“插入超链接”对话框。该对话框左边列有要链接到的四类目标选项，下面逐一加以介绍。

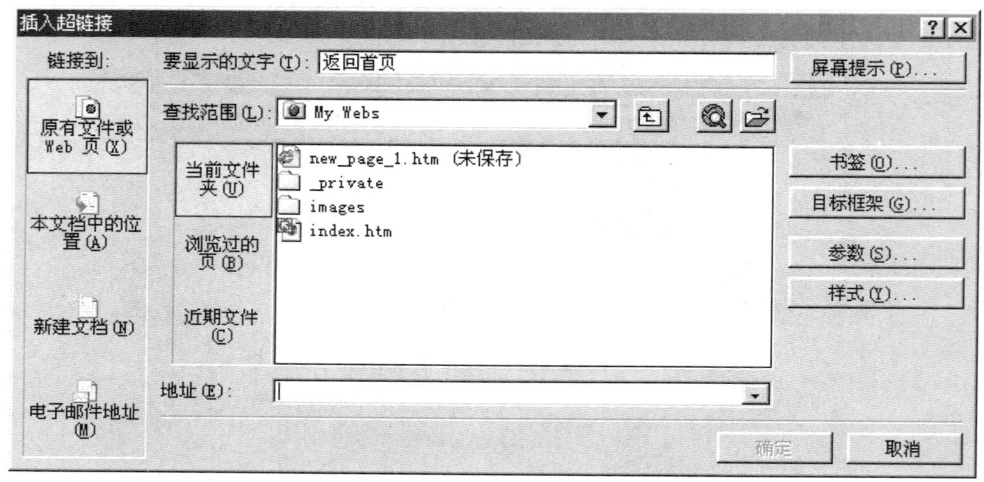

图 2—32 “插入超链接”对话框（原有文件或 Web 页）

1. 设置指向“原有文件或 Web 页”的超链接

这是默认的选项，其链接到的是已存在的网页或其他类型的文件。根据文件来源又分两种情形。

（1）链接到本机上的文件。先要找到文件列表，在“插入超链接”对话框的中部显示了三个选项：在默认的“当前文件夹”项显示的是当前文件夹（通常就是正处于打开状态的本站点文件夹）中的文件列表；若单击选择“浏览过的页”选项，显示的是浏览器历史记录中保存着的网页文件列表；若单击选择“近期文件”选项，显示的是近期打开过的文件列表。

单击列表中的某个目标文件，再单击该对话框右下角的“确定”按钮，即可设置好指向本机中某个文件的超链接。

（2）链接到网上的文件。在“插入超链接”对话框的底部有一个“地址”下拉框，通常的做法是直接在该框中输入所链接目标的 URL 地址，也可单击该框右侧的“▼”按钮，下拉显示出近期输入过的 URL 地址列表，再从中加以选择，然后单击“确定”按钮即可。

已设置好的超链接如果是文字则一般会变色为超链接的特征颜色（通常是蓝色），并在设有超链接的文字下方出现下划线，在编辑状态下将光标停留于超链接上会显示“请用 Ctrl + Click 跟踪超链接”（按住 Ctrl 键不放，再单击超链接即可打开所链接到的目标文件）的提示框，在预览状态下将光标停留于超链接上会变为手形。

2. 设置指向“本文档中的位置”的超链接

在该选项下设置的是书签超链接，即指向本网页内设有书签标记的某处的超链接。如果一个网页做得很长，浏览者在上下滚动寻找内容时就会感到非常不便。设置书签超链接可以很快切入所要看的内容。

在设置书签超链接之前，应先插入书签。方法是在要放置书签之处，单击菜单栏上的“插入”→“书签”，弹出如图 2—33 所示的“书签”对话框。在该对话框上的“书签名称”框中输入一个名称（该名称只是一个标记，并不会在网页浏览中显示出来），然后单击“确定”按钮即可。

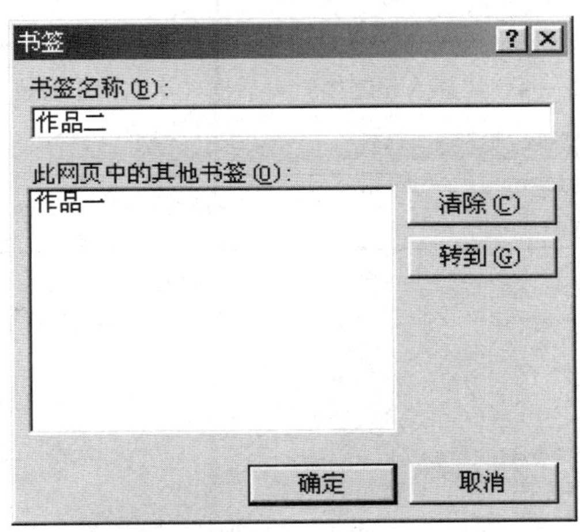

图 2—33　“书签”对话框

将要链接的目标书签插入后，再到要设置超链接的载体处将其选定，通过单击“插入超链接”按钮等操作进入“插入超链接”对话框，单击该对话框左侧菜单中的“本文档中的位置”选项，对话框变为如图 2—34 所示的界面，单击选中要链接的一个书签名，必要时在“要显示的文字”框中输入简短说明，再单击“确定”按钮即可。

3. 设置指向“新建文档”的超链接

该选项链接的是还未建立的网页或其他类型文件。在设置超链接时，经常遇到需要链接的目标文件并不存在的情况，这时可运用此选项新建一个空的目标文件并将超链接指向它。

先选定设置超链接的载体，再进入“插入超链接”对话框，单击该对话框中的“新建文档”选项，该对话框即变为如图 2—35 所示的界面。在“新建文档名称”框中输入要链接的新建文档的文件名，该文件名前如不冠以路径则默认为将文件新建在当前路径下，必要时在该对话框下部点选何时编辑新建的文档，最后单击“确定”按钮即可。

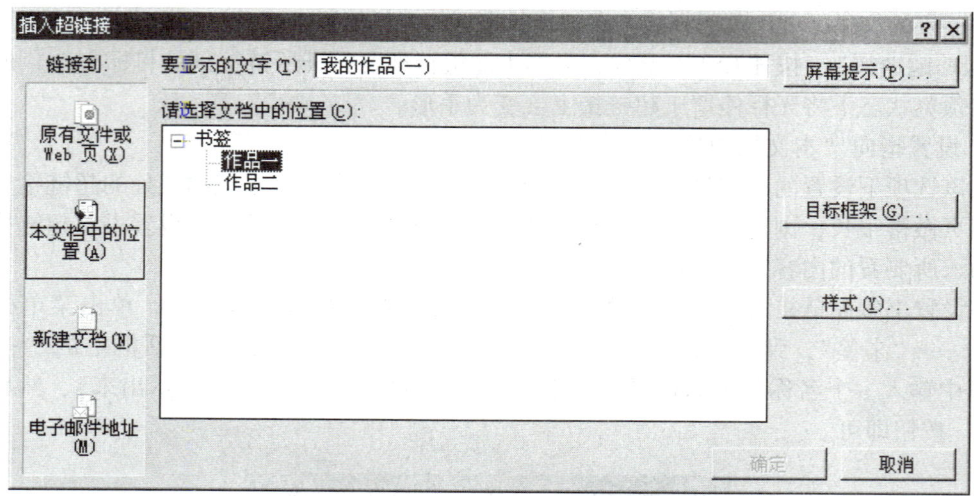

图 2—34 “插入超链接”对话框（本文档中的位置）

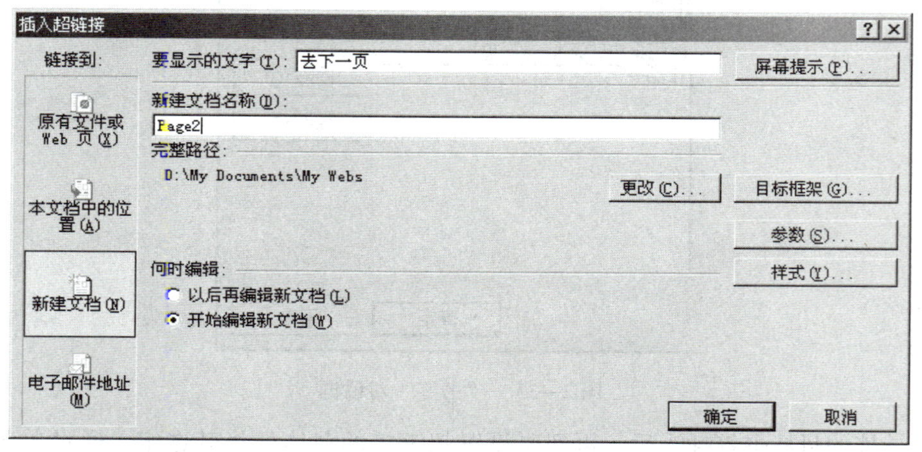

图 2—35 “插入超链接”对话框（新建文档）

4. 设置指向“电子邮件地址”的超链接

链接到电子邮件地址是一个常用的选项。单击指向电子邮件地址的超链接，将会立即运行本机中已安装的并设为“默认”的电子邮件收发软件，如系统附带的 Outlook Express 或另行安装的第三方软件 Foxmail 等，并自动进入给该电子邮件地址写信的界面。

在选定设置超链接的载体后，通过单击“插入超链接”按钮等操作进入“插入超链接”对话框，再单击其“电子邮件地址”选项，该对话框即变为如图 2—36 所示的界面，在“电子邮件地址”框中输入一个电子邮件地址（注意只需输入地址，前面的“mailto:”是输入过程中系统自动加入的），再单击“确定”按钮即可。

5. 设置超链接的屏幕提示

在网页浏览中，若光标停留在超链接上时能自动显示一个介绍该链接内容的“提示框”，将使网页更具亲和性。

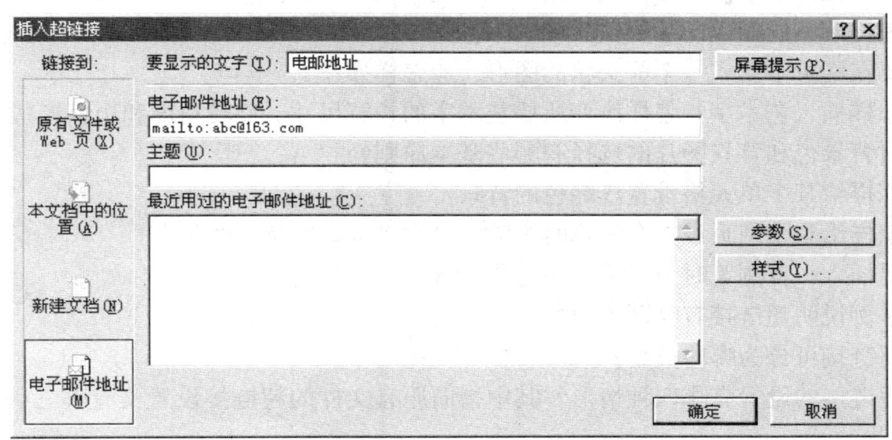

图 2—36　“插入超链接”对话框（电子邮件地址）

具体操作是：进入“插入超链接”对话框后，单击其右上角的“屏幕提示”按钮，弹出如图 2—37 所示的“设置超链接屏幕提示”对话框，在其“屏幕提示文字”文本框中输入一句提示文字，再单击“确定”按钮即可。

图 2—37　“设置超链接屏幕提示”对话框

习　题

1. 手绘表格的操作要领是什么？
2. 插入表格有哪两种方式？所创建的表格有哪些特点？
3. 将相邻的两个单元格合并，可用哪些方法？
4. 怎样将某表格居中显示并隐藏其表格线？说明具体操作步骤。
5. 怎样运用表格来安排网页的版面布局？为自己设计的个人主页绘制版面布局表格。
6. 怎样用分散和集中这两种修饰方式来设置字体、字形和字号？
7. 要使网页文字的大小不受浏览器所设字体大小的影响，应如何设置？
8. 怎样给某段文本设置字体颜色？详述其操作步骤。
9. 怎样使某段文本在水平和垂直两个方向上都自动居中？说出两种操作方法。
10. 文本前后缩进和首行缩进各将产生什么样的效果？怎样设置？
11. 怎样控制单元格中的文本与本单元格边框间的距离？
12. 要将某段文本的字距加宽 1 磅，并将该段中的行距拉开为 120%，如何操作？
13. 现发现两个相邻段落间的距离过远，有哪些方法可以使两段贴近？

14. 怎样在网页中插入已保存于站点文件夹中的图片文件？说出两种操作方法。

15. 怎样调整已插入图片的位置和大小？

16. 要在网页中插入一个箭头状的图形，应怎样操作？

17. 怎样插入艺术字？怎样改变所插艺术字的长宽尺寸、旋转角度和边界形状？

18. 对背景色和背景图片的选择有哪些基本原则？

19. 怎样给某个单元格设置浅绿色的背景？

20. 怎样给整个网页设置在浏览时不随网页内容滚动的背景图片？

21. 要插入一首浏览时只播放三遍的背景音乐，应如何操作？

22. 举例说明超链接有哪两大属性。

23. 超链接可分为哪些类型？

24. 超链接的设置有哪四种情形？其中指向原有文件的超链接设置又有哪三种？分别加以解释说明。

25. 如果要给网页中的某段文字设置一个超链接，该超链接指向一个在本机上还不存在的文件，具体应如何操作？

26. 如果要给网页中的某个图片设置一个超链接，该超链接指向本网页中的另一处位置，具体应如何操作？

27. 初步制作好两页以上的个人主页，将各页用超链接连接起来，使其相互间能通过单击超链接而跳转。

第 3 章 网页的高级制作

3-1 动态效果的制作

网页中加入适度的动态效果，能够吸引浏览者的注意，为站点增添活跃气氛。除了上一章学习的在网页中插入多媒体对象，还可在网页中插入具有动态效果的 Web 组件和设置动态 HTML 效果等。多种方式的综合使用，才能使网页的总体效果达到最佳。

一、插入滚动字幕

滚动字幕就是向某个方向不停地运动着的一行文本，其兼有文本和动画的特点，在网页元素中属于“Web 组件”。组件的共同特点是配有系统预置的支持程序，可实现较为复杂的功能。

插入滚动字幕的操作方法有两种，区别仅在其步骤顺序上。

方法一：先输入一行滚动字幕的文本，将其字体、字形、字号和颜色等都设置好后，再将这行文本选定。然后单击常用工具栏上的“Web 组件”按钮，或者单击菜单栏上的“插入”→“Web 组件”，弹出如图 3—1 所示的“插入 Web 组件”对话框。在对话框右边的效果列表中单击选择“字幕”，再单击“完成”按钮，即出现如图 3—2 所示的“字幕属性”对话框。根据需要设定滚动的方向、速度和表现方式等参数后，再单击“确定”按钮即可。

方法二：先将光标置于要插入字幕的地方，再单击“Web 组件”→“字幕”，弹出“字幕属性”对话框，在其“文本”框内输入字幕文本，根据需要设定方向、速度等参数后，单击“确定”按钮退出该对话框。然后再单击格式工具栏上的有关按钮，将字幕文本的字体、字号、颜色等参数设置好。

对于已插入的滚动字幕，若要调整字幕的大小，最便捷的方式是单击一下该字幕，使光标压住字幕边角处的小方块，当光标变为双向箭头形后拖动至合适大小。也可双击该字幕，弹出“字幕属性”对话框，在“宽度”和“高度”框中直接输入数值，此法适合于微调。

在“字幕属性”对话框中，“延迟”框中的数值（每移动一次后的停顿时间）越大、“数量”框中的数值（每次移动多少个点）越小，字幕的移动速度越慢。将这两项的数

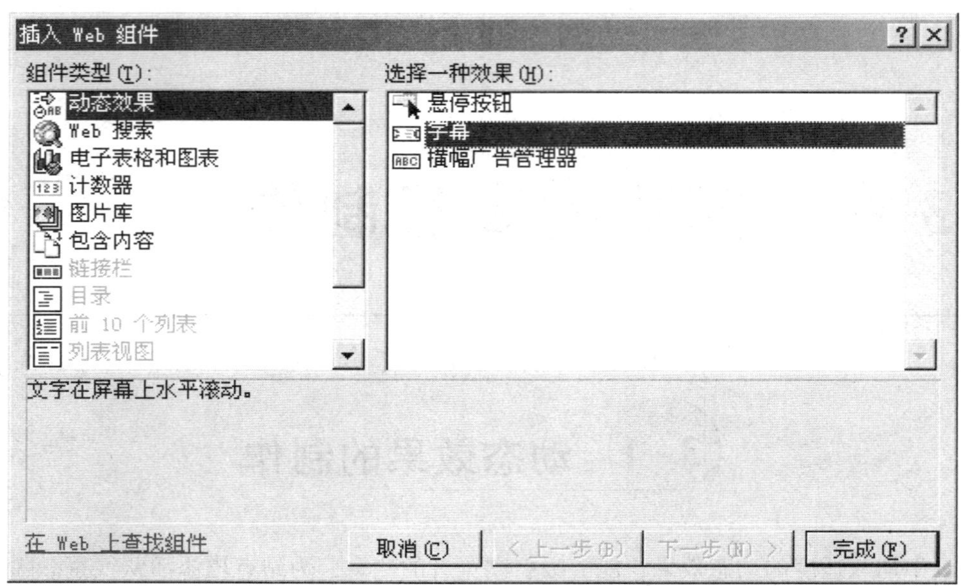

图 3—1 “插入 Web 组件”对话框（动态效果）

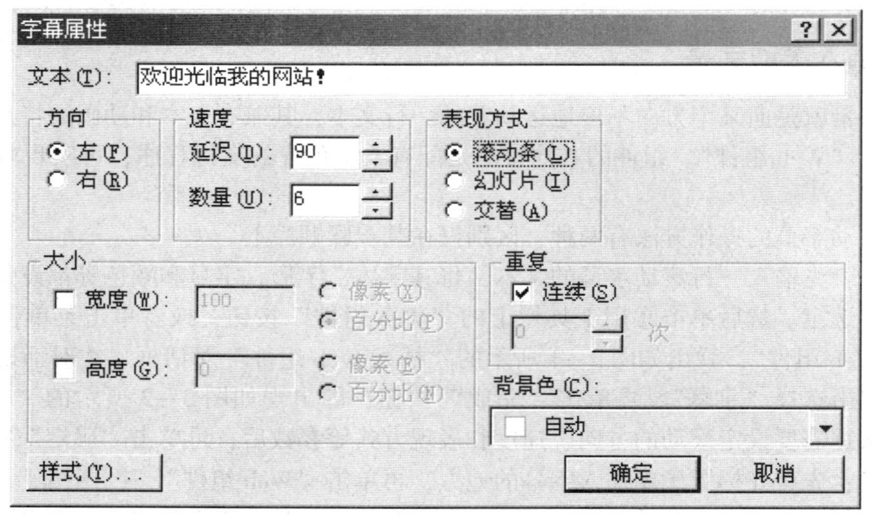

图 3—2 “字幕属性”对话框

值都调小，可使字幕文本的移动看起来更加平稳，代价是系统处理的频率加大，若同一页面上还有较多的其他动态元素，则遇配置较低的计算机容易在浏览中出现当系统资源濒临耗尽时操作响应迟钝的现象。

该对话框中“表现方式”下有三个选项，“滚动条”方式是周而复始地向着一个方向滚动，“幻灯片”方式是只滚动过去一次便停止，“交替”方式是滚动到一端后再反向滚动，给人一种来回摆动的感觉。

单击“字幕属性”对话框左下角的“样式”→“格式”→“定位”，在出现的“定位”

对话框中单击选择“绝对”选项，再连续三次单击“确定”按钮，可使滚动字幕浮动起来，便于在页面上自由调整所处的位置。

二、插入横幅广告管理器

“横幅广告管理器”可以将多幅图片组接起来，进行走马灯式 < marquee > 的循环播放。参加循环播放的图片，其尺寸大小要尽可能地一致，若不一致则应事先运用图像编辑软件进行缩放处理并重新保存。

将有关图片准备好后，先单击横幅插入处，然后单击常用工具栏上的“Web 组件”按钮，或者单击菜单栏上的“插入”→“Web 组件”，在出现的“插入 Web 组件”对话框（见图 3—1）中单击“横幅广告管理器”→“完成”，即出现如图 3—3 所示的“横幅广告管理器属性”对话框。

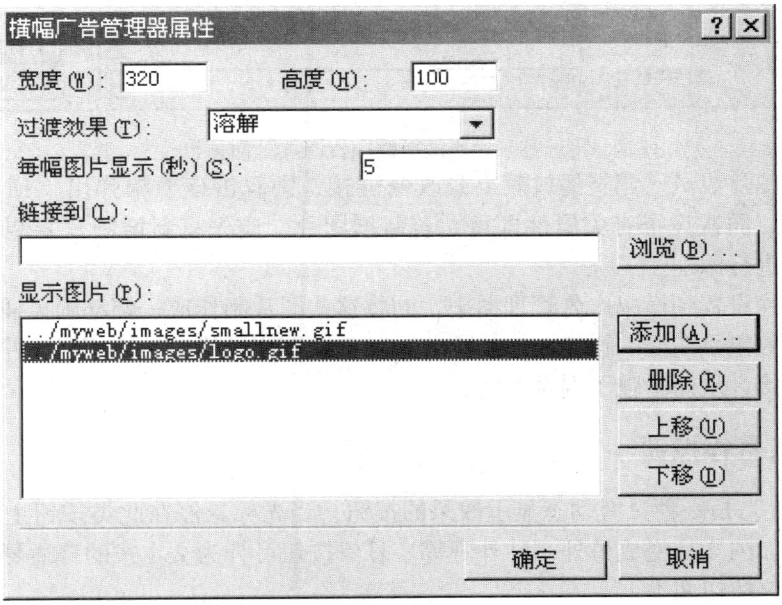

图 3—3　“横幅广告管理器属性”对话框

单击该对话框中的“添加”按钮，即出现如图 3—4 所示的“添加横幅广告图片”对话框。在其文件列表中找到并选定有关图片后，单击“打开”按钮便可将其添加进来，按此操作直至有关图片都被添加进来。然后回到如图 3—3 所示的对话框中，打开“过渡效果”下拉菜单，选择一种合适的图片间切换时的动作效果，必要时修改“每幅图片显示（秒）”框中的时间秒数，并设置该广告横幅的超链接目标，最后单击“确定”按钮即可。

横幅广告管理器插入后，所在网页必须保存一次，才能预览到所插入横幅广告的播放效果。在横幅广告刚显示出来时，要调整一下其长宽尺寸，使其跟原图片的大小或所处定位单元格的大小达到一致。单击选定该横幅，将光标压住其边角上的黑色小方块进行拖动即可调整尺寸。

图 3—4 “添加横幅广告图片”对话框

若需增减图片成员、调整播放效果或改变链接，则双击该横幅弹出“横幅广告管理器属性”对话框，再次设置有关属性即可。若新增图片，应先将新增图片复制到原图片所在文件夹后，再进行添加。

将多幅图片设置到横幅广告管理器中，同将这些图片制作成一幅动画再插入到网页中相比，所显示的效果是完全一样的，但采用前一种方式制作及修改更为便利，并可对每一幅图分别设置超链接，从而增强了网页功能。

三、插入悬停按钮

“悬停按钮”是一种具有动态显示效果的按钮，当光标悬停在此类按钮上时，会有各种预置的变化，如闪光、变成另外一种外观等。悬停按钮可分为文本式的普通悬停按钮和图片式的自定义悬停按钮两类。

1. 普通悬停按钮的设置

首先单击悬停按钮插入处，再单击常用工具栏上的“Web 组件”按钮，或者单击菜单栏上的“插入”→“Web 组件”，弹出“插入 Web 组件”对话框（见图 3—1），再单击其效果选项中的“悬停按钮”→“完成”，即出现如图 3—5 所示的“悬停按钮属性”对话框。

在该对话框中首先输入按钮文本，再单击“按钮文本”框右侧的“字体”按钮，出现如图 3—6 所示的“字体”对话框，从中设置按钮文本的字体、字形、字号或颜色等，然后单击“确定”按钮，返回“悬停按钮属性”对话框。

再设置该按钮所要链接的目标，可直接在“链接到”框中输入链接目标的文件名或 URL 地址，也可以单击该框右侧的“浏览”按钮，弹出如图 3—7 所示的“选择悬停按钮超链接”对话框，从中选择或输入有关信息，然后单击“确定”按钮，返回“悬停按钮属性”对话框。

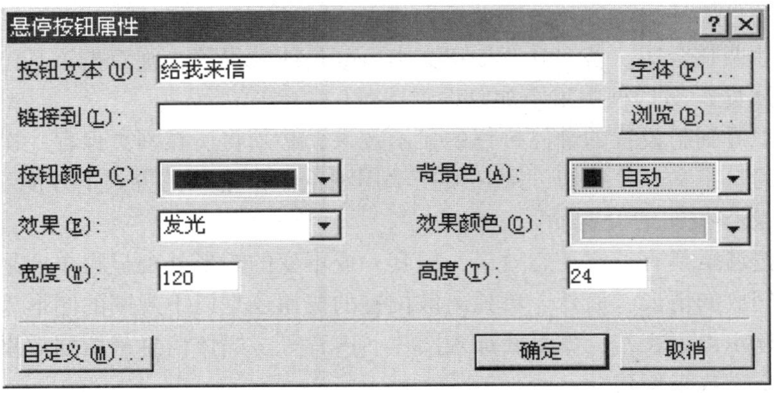

图 3—5　“悬停按钮属性”对话框

图 3—6　“字体”对话框（悬停按钮）

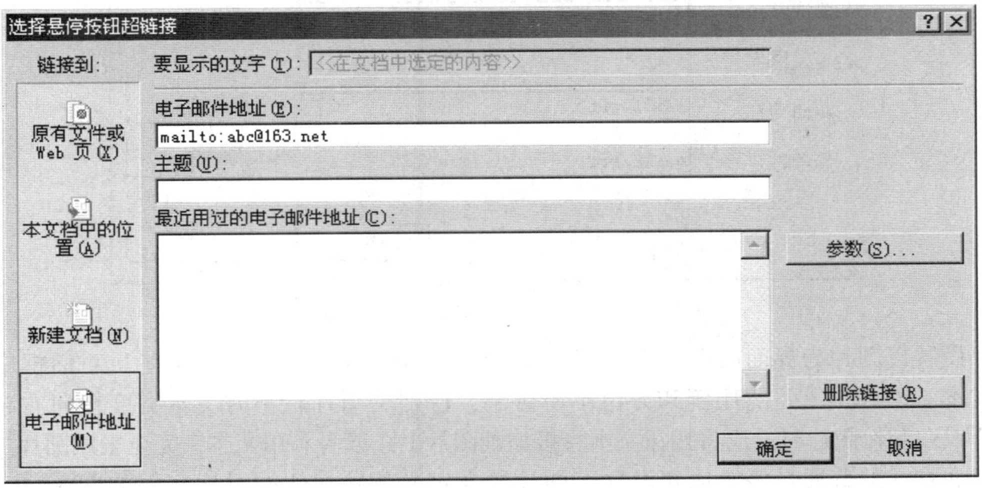

图 3—7　“选择悬停按钮超链接”对话框

接着调出“按钮颜色”下拉菜单，设置悬停按钮在平常状态下所显示的颜色。再调出“效果”下拉菜单，设置当鼠标悬停于该按钮上时的效果，如“发光”“凹进”等。然后调出“效果颜色”下拉菜单，设置当鼠标悬停于该按钮上时所显示的颜色。全部设置完毕后单击“确定”按钮。

刚创建出的悬停按钮可能长宽不太符合要求，可单击该悬停按钮，通过拖动其边角上的小方块将其尺寸调整合适。若需修改按钮文本、颜色或效果等，则双击该悬停按钮，在出现的“悬停按钮属性”对话框中重新加以设置即可。

要在预览中看到新设置的悬停按钮的显示效果，必须将所在网页保存一次。如果是后面介绍的带图片的自定义悬停按钮，则必须在“用浏览器预览”的方式下才能看到效果。

2. 自定义悬停按钮的设置

普通悬停按钮虽具有一定动态效果，但其一成不变的矩形外观显得单调呆板，只适用于多个按钮并排摆放的情形，而处于单独离散位置的按钮还是以不规则的图形为佳。另外，普通悬停按钮只标示出了文本，如果要加入图片、声音等多媒体信息来增强效果，则需采用下面介绍的自定义方式来创建。

首先准备好声音、图片文件，其中分别用于平常状态和鼠标悬停状态显示的图片的长宽大小不宜相差过大。

进入插入悬停按钮的操作，在出现如图 3—5 所示的“悬停按钮属性”对话框后，单击左下角的“自定义”按钮，即出现如图 3—8 所示的“自定义”对话框，通过浏览打开或者直接输入文件名的方法加入有关的声音、图片文件，单击“确定”按钮回到原对话框，再单击“确定”按钮即可。

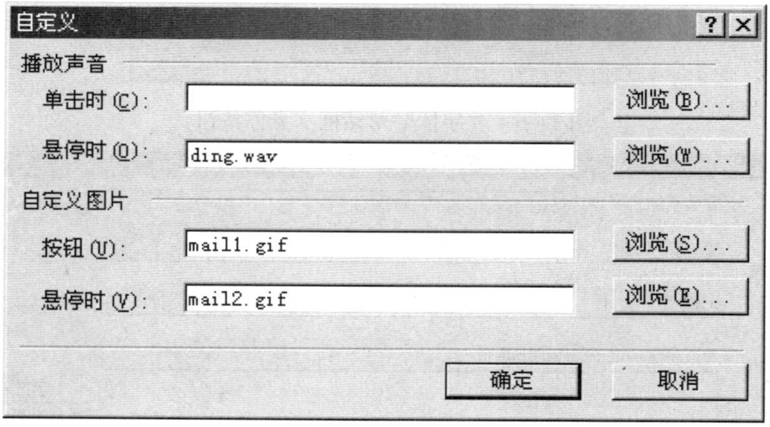

图 3—8　“自定义”对话框（悬停按钮）

要设置以图片为界面的自定义悬停按钮，最好不要在“悬停按钮属性”对话框中输入按钮文本，因其文图间的比例和方位不易协调，特别是图片较小时文本宽度会向右超出很多。所以在制作图片时，应将按钮文本直接加到图片上，或者不用文本，完全采用图片。

纯文本式的普通悬停按钮和设置有图片的自定义悬停按钮的对比实例如图 3—9 所示。从中可以发现两者的功能虽一样，但外观差异却很大。

四、设置动态 HTML 效果

很多人都对用 PowerPoint 制作电子幻灯片时的操作印象深刻，其各种对象的出现都能设置出花样繁多的动画飞行动作。在网页制作中也能运用类似的技巧，这就是“动态 HTML 效

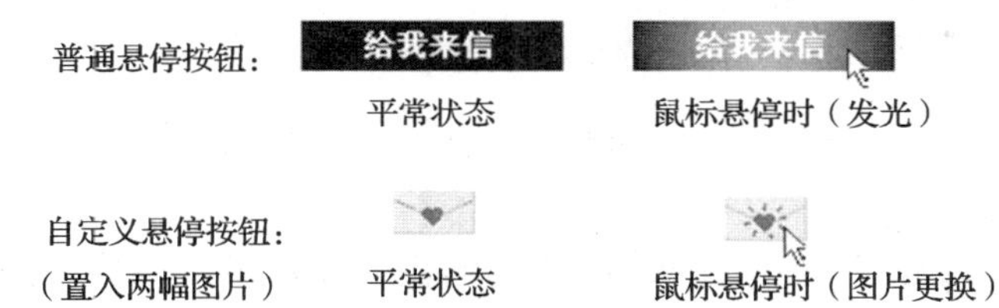

图 3—9　两类悬停按钮示例

果”（又称“DHTML 效果”）的设置。

首先单击要设置该动态效果的对象，如果是文本则将光标置于所在段落中的任意一处即可，这是因为该动态效果的最小文本设置范围是一个自然段，不能精确到字。

然后单击菜单栏上的“格式”→“动态 HTML 效果”，出现如图 3—10 所示的“DHTML 效果”对话框，从左至右依次单击“选择一种事件”“选择一种效果”和“选择设置”这三个下拉框中的合意选项，必要时还可单击该对话框右端的“突出显示动态 HTML 效果”按钮来标示其所设置区域。要取消已设置的动态 HTML 效果，可单击该对话框上的“删除效果”按钮。

按图 3—10 所示选择设置出的动态 HTML 效果，在所设置区域内的文字或图片会在网页载入过程中从窗口右上方一个个地飞入。

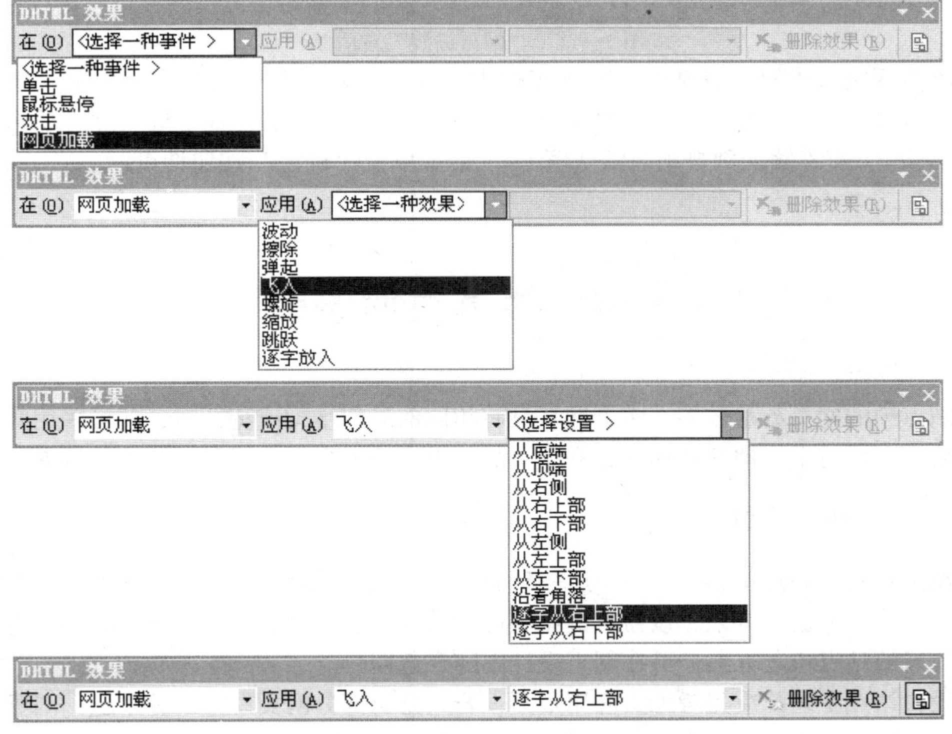

图 3—10　“DHTML 效果”对话框及其设置过程示例

五、设置网页过渡效果

从一个网页跳转到另一个网页，也可像幻灯片切换那样以各种拉幕动作来过渡，如擦除、溶解、抽出等。

单击菜单栏上的“格式”→“网页过渡”，就会出现如图3—11所示的“网页过渡”对话框。该对话框左边的“事件”是指过渡效果的显示时机，默认为“进入网页”，若要改为“退出网页”等，则应单击“事件”下拉框右侧的“▼”按钮，从下拉菜单中进行选择。

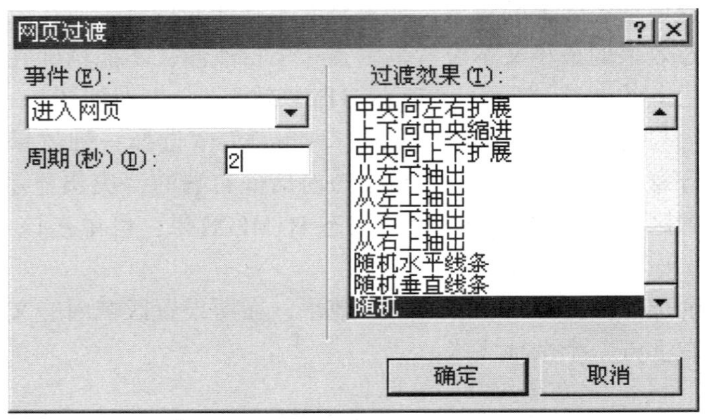

图3—11 “网页过渡”对话框

在该对话框右边的“过渡效果”列表框中选择一种所要显示的动作，如果希望每次切换网页的过渡动作几乎都不一样，可选择“随机”。再在“周期”框中输入过渡动作的进行时间（秒数），若不输入则自动取默认值1 s。最后单击“确定”按钮即可。

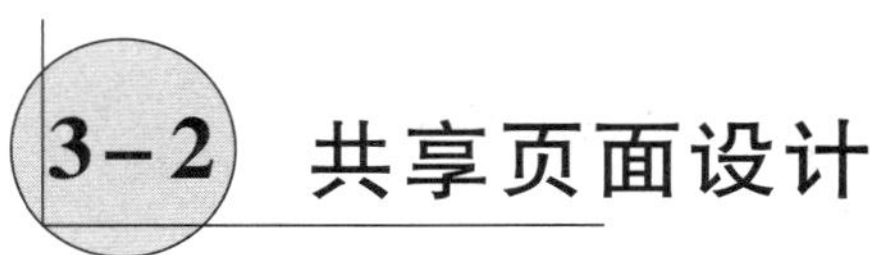

当站点中的网页数量较多，多个网页具有相同的局部结构或特征时，就可采用共享页面的设计技巧，既能很好地获得局部整齐划一的效果，又大大提高了网页制作的效率。

一、设置站点主题

站点主题就是站点中的多个网页所一致表现出的整套风格。设置了一种站点主题后，有关页面的字体、颜色、背景、按钮、链接等都会统一成相同的样式。FrontPage XP提供多套事先设计好的站点主题方案，可在网页设计中随意选用。

在设置站点主题前应先考虑其应用范围，若只是对部分网页设置一种主题，则要首先打开文件夹列表，按住Ctrl键不放，分别单击有关网页文件名，将参与本主题设置的各网页一起选定后再设置站点主题。

单击菜单栏上的“格式”→“主题”，即出现如图 3—12 所示的“主题”对话框。在该对话框左边的主题列表中，单击一种主题名称，便可在右边看到该主题的显示效果示例。

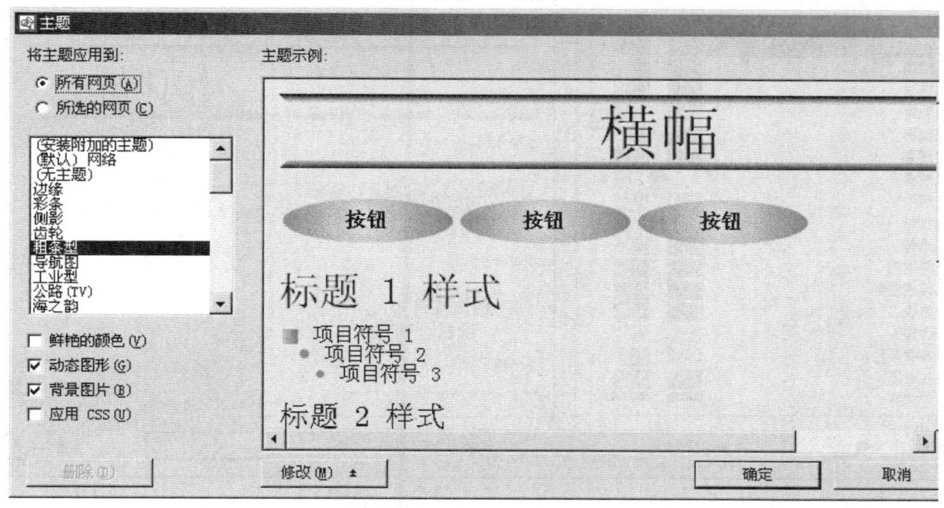

图 3—12　“主题”对话框

如果对所选主题的示例效果满意，则单击“确定”按钮使该主题生效。如果对该主题的效果大体满意，只是想对某个局部效果进行修改，则单击“修改”按钮，便会在该按钮的上方出现一排如图 3—13 所示的选项按钮。

图 3—13　修改主题选项

单击“颜色”“图形”或“文本”等选项按钮，将分别出现如图 3—14 至图 3—16 所示的“修改主题”对话框的相应界面。单击其对话框左侧的标签或“项目”下拉菜单中的选项，可变换所修改的内容。将所选项目的效果修改满意后，单击“修改主题”对话框上的“确定”按钮，再单击“主题”对话框上的“确定”按钮即可。

必须指出的是，使用了同一套站点主题的多个网页，会给人一种千篇一律的感觉。所以对于层次结构较复杂而页数较多的站点，最好不要将所有页面都设置为同一主题，而是只对同一层面的网页（如某学术交流栏内的各文稿页）设置同一主题，不同层面网页的主题则有所区别，这样该站点的浏览效果才显得整体上错落有致，各局部又规范整齐。

二、设置共享边框和链接栏

共享边框是多个网页所共有的区域，如同 Word 文档的页眉或页脚所在的区域，其位置可以在网页四边的任意一侧。共享边框中的内容只需一次性编好，便可在每一页的相同位置显示出相同的内容，而不必每页都去做一遍同样的编辑工作。

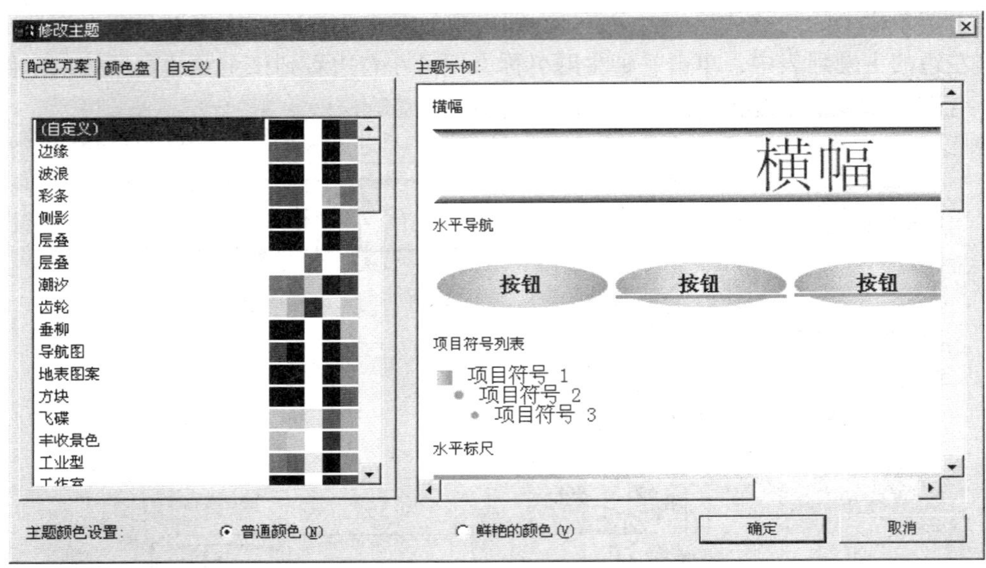

图 3—14 “修改主题”对话框（颜色）

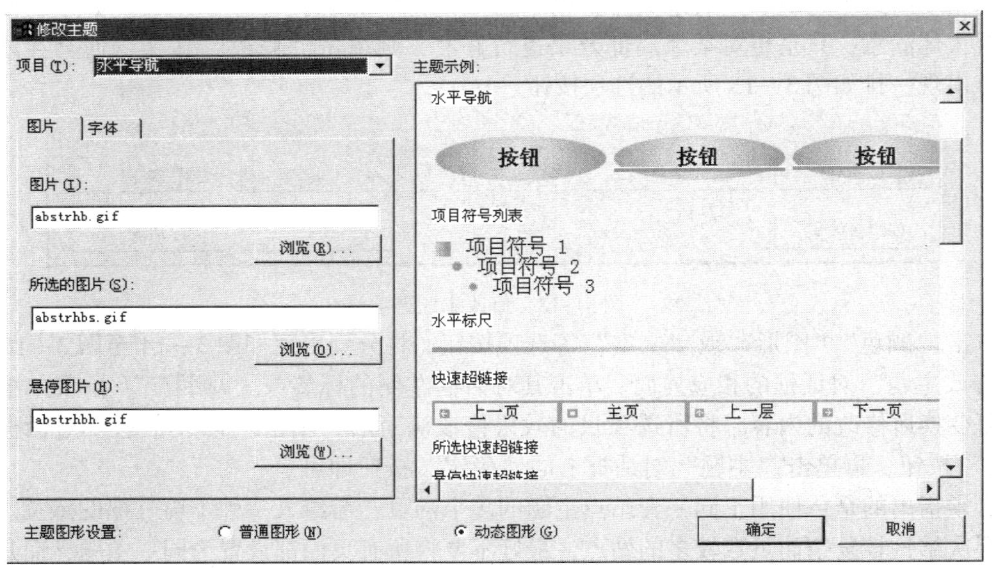

图 3—15 “修改主题”对话框（图形）

链接栏又称导航栏或导航条，是一组并排显示的用于快速跳转换页的按钮，分别链接到本站点各栏目的栏首页或重要 URL 地址，从而起到导航的作用。因为链接栏通常要显示在相关各页的相同位置，故常将其放置在共享边框中。

设置共享边框和链接栏，应在相关各页都已开始编辑并保存过一遍，也就是在站点文件夹列表中能看到相关各页的文件名后进行。

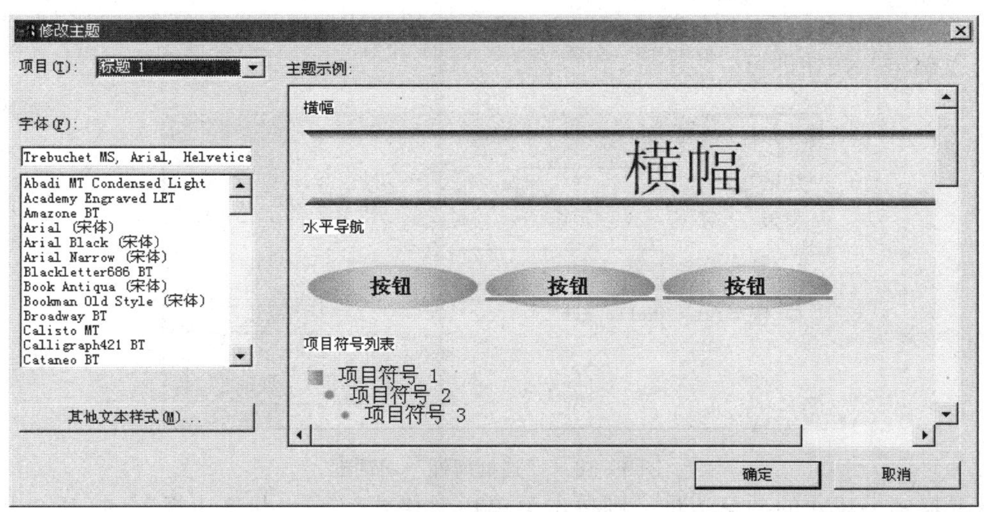

图 3—16　“修改主题”对话框（文本）

1. 共享边框的设置

首先打开参与设置共享边框的某页，单击菜单栏上的“格式”→“共享边框”，打开如图 3—17 所示的“共享边框”对话框。根据所要设置的共享边框在网页中的方位勾选“上”“左”“右”“下”复选框，如果要在某方位的共享边框中加入链接栏则再勾选该方位下的“包含导航按钮”复选框，然后单击“确定”按钮。

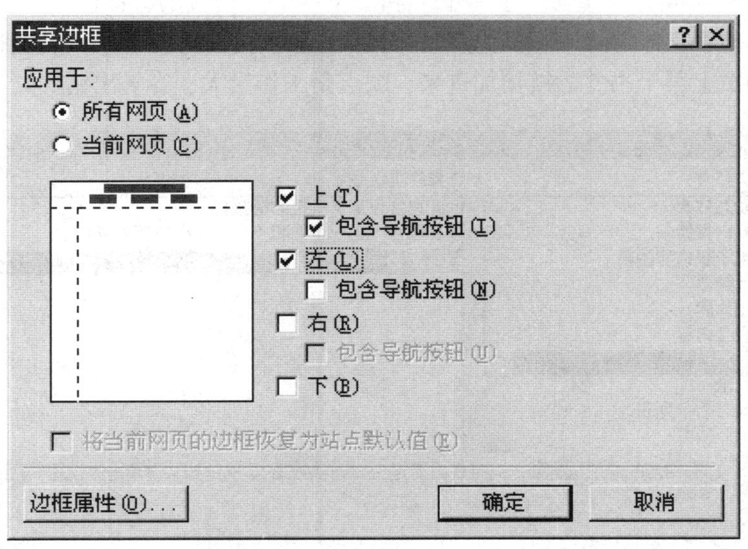

图 3—17　“共享边框”对话框

所设共享边框出现后，单击框中任意处，光标进入共享边框中闪动，这时便可开始编辑共享边框中的内容，如输入文字或插入图片。

如果要设置共享边框的背景颜色或背景图片，可以右键单击共享边框，在出现的右键菜单中单击“边框属性”选项，打开如图 3—18 所示的“边框属性”对话框，进行有关设置后单击“确定”按钮即可。

图 3—18　“边框属性”对话框

若要撤销已建立的共享边框，则单击菜单栏“格式”→“共享边框”，打开“共享边框”对话框，将要撤销的共享边框所在一侧复选框中的钩去掉，单击“确定”按钮即可。

2. 链接栏的设置

链接栏除可在设置共享边框时一同设置外，也可按下述方法单独设置。

先将光标置于要插入链接栏的位置，单击菜单栏上的“插入”→“导航”，打开如图 3—19 所示的“插入 Web 组件”对话框。然后选择链接栏的类型，在右边列表框中所显示的三种类型中，通常选择“基于导航结构的链接栏”，该类型能自动添加栏目链接。若选择“包含自定义链接的链接栏”或者“包含‘上一个’和‘下一个’链接的链接栏”，则每个参与导航的链接都要一个个地手工添加进来，其优点是可灵活选择，并且可将非网页型链接，如指向电子邮件地址或本网页上某个书签的链接加进来，缺点是工作量大、容易出错。

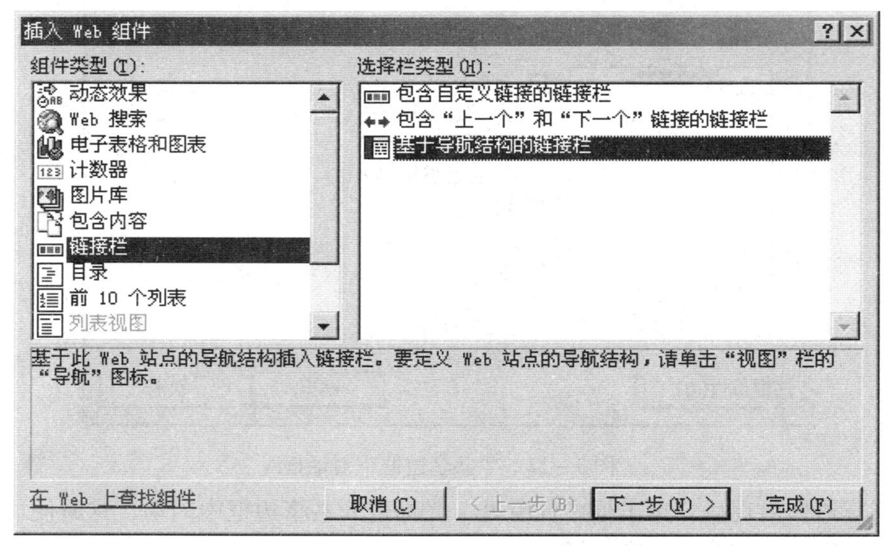

图 3—19　“插入 Web 组件”对话框（链接栏/选择栏类型）

单击“下一步”按钮，打开如图 3—20 所示的对话框，从其上部的列表中选择一种栏样式。再次单击“下一步”按钮，打开如图 3—21 所示的对话框，从横、纵两种栏方向中选择一种，单击“完成”按钮。

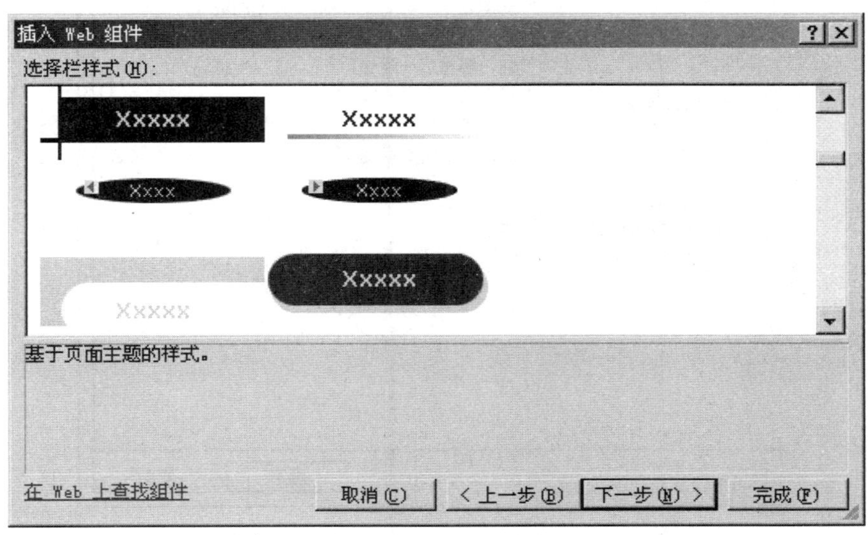

图 3—20　“插入 Web 组件”对话框（选择栏样式）

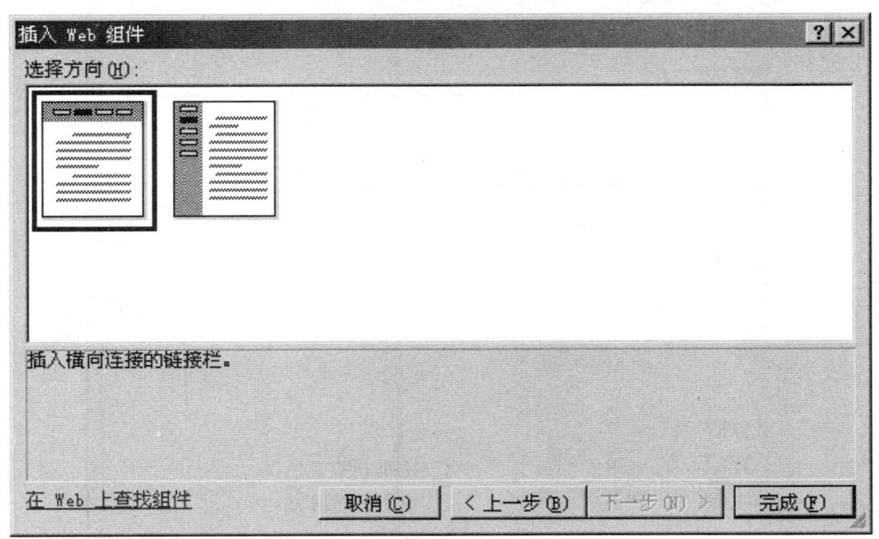

图 3—21　“插入 Web 组件”对话框（选择栏方向）

随即出现如图 3—22 所示的“链接栏属性”对话框，从中选定参与链接的网页范围，常用的是“同一层”和“主页下面的子页”，注意要勾选“主页”（首页）才能使回到首页的链接出现在导航中。若要修改已选择的栏样式，还可单击该对话框上的“样式”标签，在如图 3—23 所示的“样式”选项卡中加以设置，最后单击“确定”按钮即可。

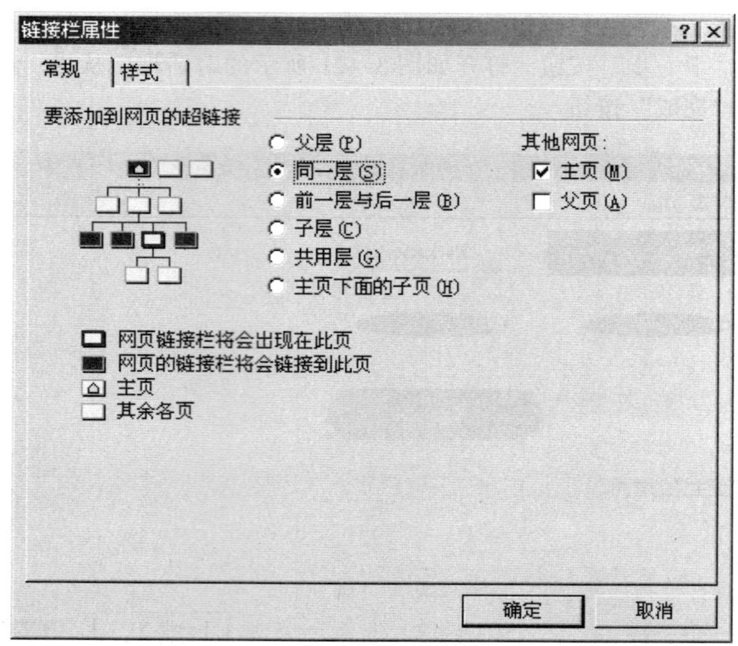

图 3—22 “链接栏属性”对话框（常规）

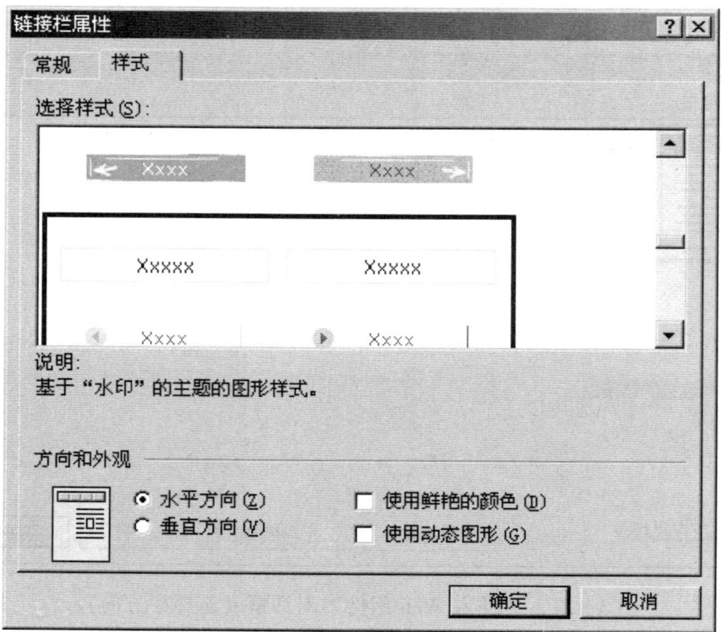

图 3—23 “链接栏属性”对话框（样式）

对于已设置完毕的链接栏，若要更改其导航范围或样式，可双击该链接栏，进入图 3—22 或图 3—23 所示的“链接栏属性”对话框的两个选项卡重新进行设置。

链接栏并非必须放置于共享边框中。由于共享边框必须位于网页的周边，若某页的链接栏因版面统筹安排的需要不能靠边摆放，则该页可不参与共享边框的设置，而将链接栏独自插入合适的位置。

共享边框中除适宜放置链接栏外，还常放置网站的名称或徽标、广告横幅或欢迎词、版权声明、单位地址、联系电话以及装饰花边等。链接栏通常放置在设于顶部或左边的共享边框中，站名或横幅等通常放在顶部的共享边框中，版权声明、单位地址、联系电话等一般应放在底部的共享边框中，而花边放于任何一侧的共享边框中均可。

三、制作框架网页

1. 框架网页的特点

框架网页与使用共享边框的网页在外观和功能上十分相似，都是将多个页面的公共区域划分出来，便于对其进行单独、统一的编辑。但共享边框部分不是独立的网页，因无可随意自取的文件名而不能主动参与链接，且还有必须靠边设置的限制。而框架网页所划出的每个区域都放置独立的网页，各页均可参与链接，并易实现多层次的链接控制，框架的划分也没有任何方位上的限制。

由于框架网页的同窗口多网页式的结构比较复杂，其设计编辑工作比使用共享边框的网页烦琐得多，故对于页数较少、要求不高的站点使用共享边框将更简捷，而对于网页层次多、链接关系复杂的大型站点则适宜设计制作框架网页来获得更佳效果。

图 3—24 所示为框架网页的几种典型结构。一般在称作“目录框架”的①区网页中设置链接栏，来控制称作“主框架”的②区中显示的网页，其中默认显示的首篇网页称为“初始网页”；除在称作“标题框架”的③区和“页脚框架”的④区中放置站名、横幅、版主信息等一些固定内容外，更具灵活性的是也可在③、④区中设置链接栏来控制①区显示的网页，这样①区的链接栏就得以变换，从而形成“父目录框架→子目录框架→主框架”的多层控制结构。

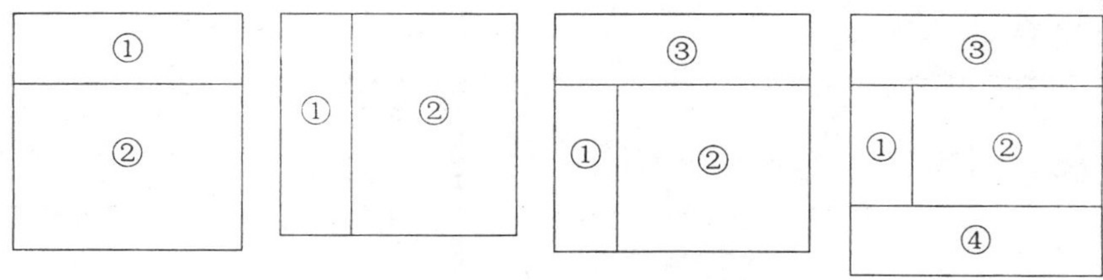

图 3—24　框架网页的几种典型结构

2. 框架网页的创建

要创建框架网页，可单击任务窗格中的“网页模板”链接，或单击常用工具栏上“新建”下拉框右侧的“▼”按钮，在下拉菜单中单击“网页”选项，再在出现的“网页模板”对话框中单击“框架网页”标签，即出现如图 3—25 所示的选项卡，单击选择所列出的模板名，同时观察右边的框架结构预览图和功能说明来判定是否符合需求，如果满意就单击“确定”按钮。

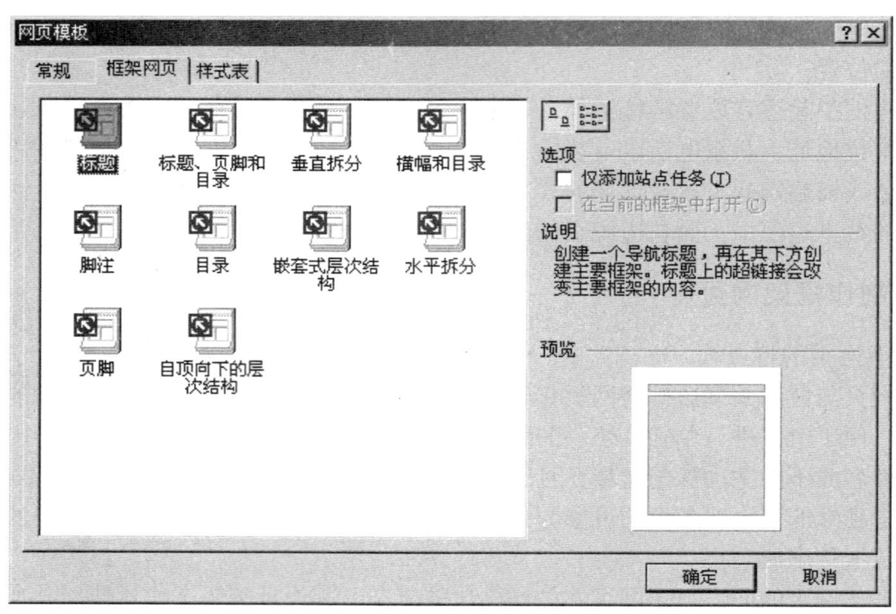

图 3—25　“网页模板”对话框（框架网页）

图 3—26 所示为一个刚创建的框架网页，这时要在每个框架区域进行选择：如果已有编辑好的网页可放置到这个框架内，就单击“设置初始网页”按钮，再在文件夹列表中将该网页选择进来；如果尚无现成网页可放，就单击“新建网页”按钮，这时框架中便出现完全空白的页面，可进行任意编辑。由于主框架中的网页不止一个，最好事先单独编辑保存好，在创建框架后便可集中精力只编辑目录框架中的网页，最后将已编好的各主框架网页一一添加到目录框架中的链接栏上即可。

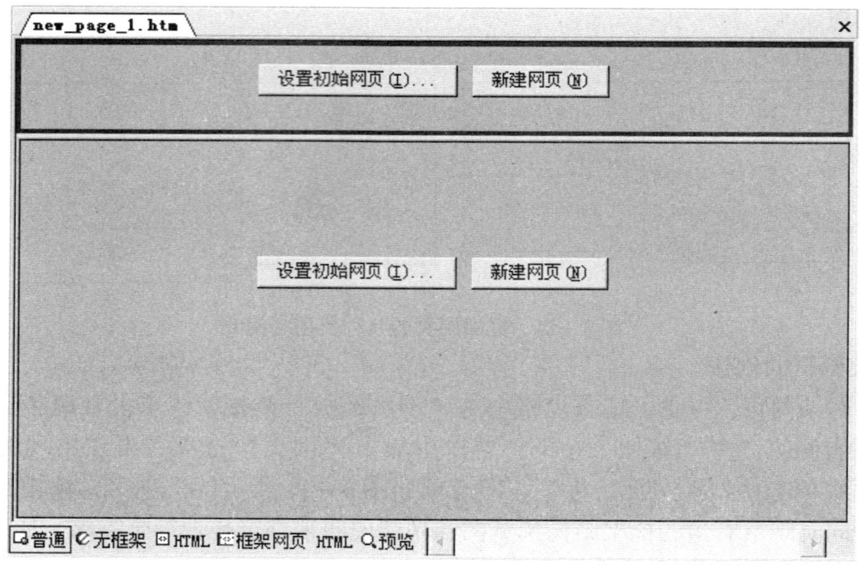

图 3—26　刚创建的框架网页

3. 框架网页的编辑

（1）调整框架区域的大小。刚创建的框架网页，其各框架区域的大小是按默认值划分的，可能并不符合要求。这时可将光标压住框架分隔线，待光标形状变成双向箭头形后按住鼠标左键不放进行拖动，直到分隔线两边框架区域的大小合适为止。

（2）拆分和删除框架区域。对已创建好的框架网页，有时还要根据实际需求的变化来增减框架区域的数目，或者虽框架区域总数不变但要通过拆删框架的操作来调整各区域的布局。

若要新增一个框架区域，须将某个已存在的框架区域拆分成两个。首先单击要拆分的框架区域，然后单击菜单栏上的“框架”→“拆分框架”，弹出如图 3—27 所示的“拆分框架”对话框，单击选择“拆分成行”或“拆分成列”后，再单击“确定”按钮即可。

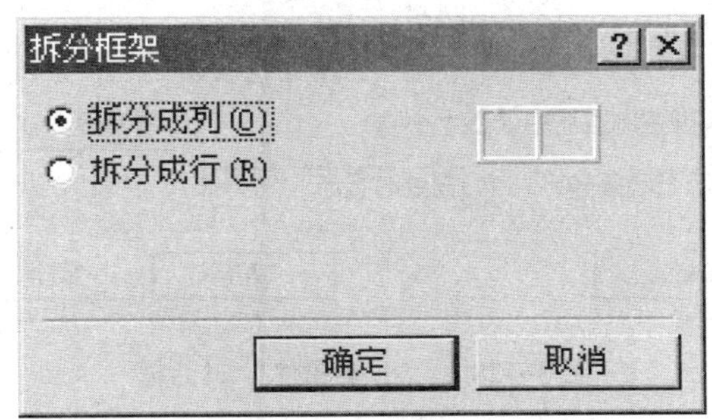

图 3—27　“拆分框架”对话框

若要删除某个框架区域，先将光标置于这个框架区域内，再单击菜单栏上的“框架”→“删除框架”，则该框架区域便并入相邻框架区域而消失。

若要调整框架区域的布局，如将原横向划分改为纵向划分，可先将一个横向划分的框架区域按列拆分成两个，再删掉另一个相邻横向划分的框架区域即可。

（3）设置框架属性。在框架网页的编辑中经常需要改变某框架中的初始网页、调整框架边距或将框架分隔线隐藏起来，这都可用设置框架属性来实现。

右键单击某框架区域，在出现的右键菜单中单击“框架属性”选项，或者先单击选定某框架区域，再单击菜单栏上的“框架”→“框架属性”，即出现如图 3—28 所示的“框架属性”对话框。

改设初始网页，可直接在“初始网页”文本框中输入文件名，或者单击该框右边的“浏览”按钮到文件列表中进行选取。

将“可在浏览器中调整大小”前的钩去掉，可在浏览时锁定整个框架结构，防止浏览者拖动框架分隔线来改变区域划分。但此设置并不影响编辑时的框架调整。

框架网页各区域间常需要实现无缝过渡效果，也就是要在浏览时看不到在相邻框架区域的交界处有明显的边框分隔迹象。实现此效果的操作方法是：单击“框架属性”对话框右下部的“框架网页”按钮，在出现的“网页属性”对话框中单击“框架”标签，再在出现的如图 3—29 所示的选项卡中将“显示边框”复选框中的钩去掉，则“框架间距”的数值立刻显示为零，然后单击“确定”按钮。必要时再将“框架属性”对话框中的框架边距也设为零，则框架分隔线将在浏览时完全消失，各框架区域间会显得毫无缝隙。

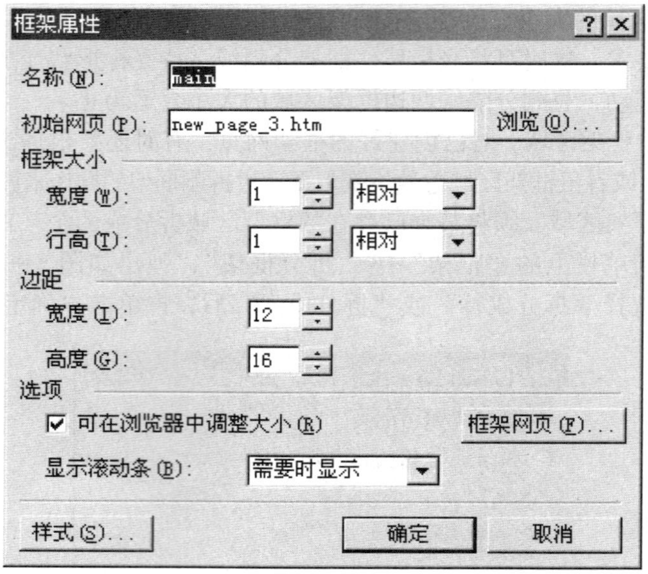

图 3—28 “框架属性”对话框

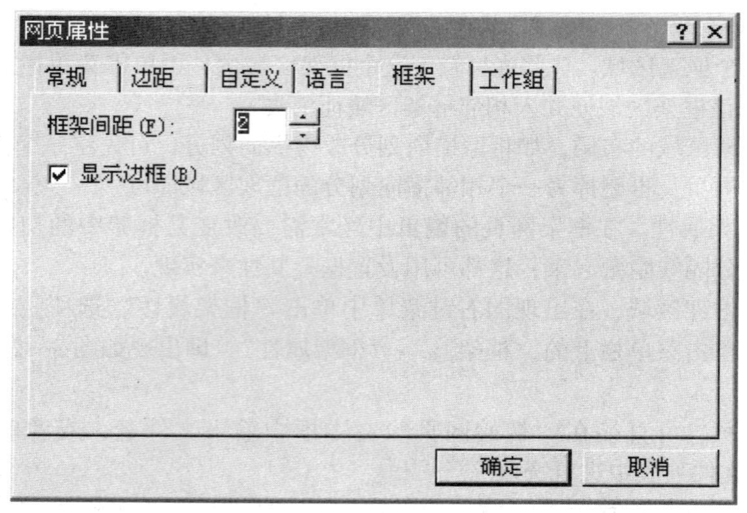

图 3—29 “网页属性”对话框（框架）

如果需要给框架网页设置背景音乐，或修改框架结构文件的标题，则可单击“框架属性”对话框中的“框架网页”按钮进入“网页属性”对话框，然后选择“常规”标签（见图 1—36），再进行相应设置。

4. 框架网页的保存和运行

当一组框架网页编辑完毕退出时，对每个框架区域中编辑过的文件都会弹出有关保存的对话框。注意，最后弹出的一个对话框所提示保存的是记录整个框架结构的网页文件。要显示出整套框架网页就必须首先运行这个框架结构文件，所以该文件一般须作为框架网页的首页，跟普通网页中的首页一样，在首次保存时应将其文件命名为“index”。

由此可见，框架网页的超文本文件数会比框架区域数多出一个。例如，图 3—26 所示的只有两个框架区域的框架网页，便至少要存为三个文件。即其上层标题兼目录框架存为一个文件，如 new _ page _ 2. htm，下层主框架至少存为一个文件，如 new _ page _ 3. htm，整个框架结构存为一个特殊的文件，即刚创建框架时最早显示在编辑区上沿标签中的 new _ page _ 1. htm，在保存时常改名为 index. htm。框架结构文件在编辑中显得非常隐蔽，不能在“普通”编辑状态下看到。但单击编辑区下沿的“框架网页 HTML”按钮，可看到框架结构文件的 HTML 源代码，必要时可在这里对其进行简单的修改。

按照框架网页的特性，链接在某框架内的网页一般都被限制在该框架区域中，不能全屏显示。如果其中一页需要全屏显示（如要跳转到其他站点的首页），则可在设置指向该页的超链接时，进入图 2—32 所示的“插入超链接”对话框，单击“目标框架”按钮，弹出如图 3—30 所示的“目标框架”对话框，在该对话框中的“公用的目标区”列表中单击选择“新建窗口”项，再单击“确定”按钮。经过如此设置的该页便会在浏览时跳出原有框架，在自动打开的一个独立的新窗口中显示。

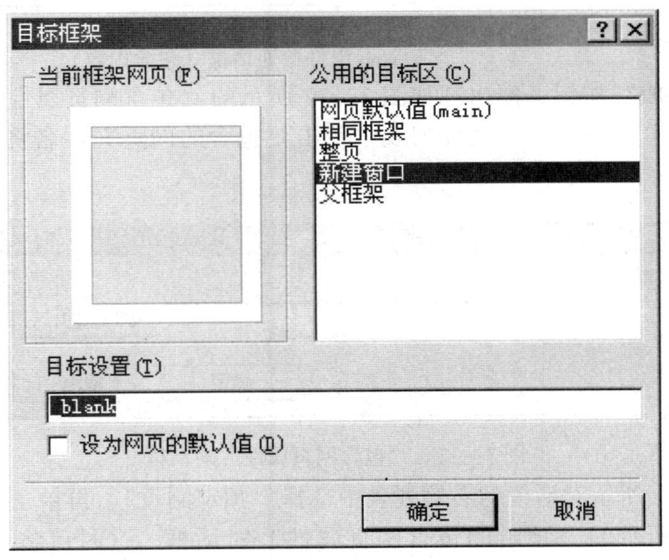

图 3—30　“目标框架”对话框

四、制作包含网页

包含网页的基本原理就是在某个网页的局部区域显示另外一个网页的全部内容。当页面中的大多数内容都在一定时期内保持固定不变，而只有某一部分信息更新得比较频繁，如宣传广告或滚动新闻之类，就适宜将这部分信息制作成一个版面尺寸较小的单独网页，然后插入到母体页面中去，需要更新时只需修改所包含的小网页即可。如果将包含网页插入到共享边框中去，就可同时显示在多个网页中，可以更充分地发挥作用。

制作包含网页，应首先将被包含的小网页编辑保存好，然后单击母页上安放包含网页的位置，再单击常用工具栏上的“Web 组件”按钮，或者单击菜单栏上的“插入”→“Web 组件”，在出现的“插入 Web 组件”对话框左侧的列表中单击“包含内容”选项，再在其右侧的列表中单击“网页”选项，其界面如图 3—31 所示。

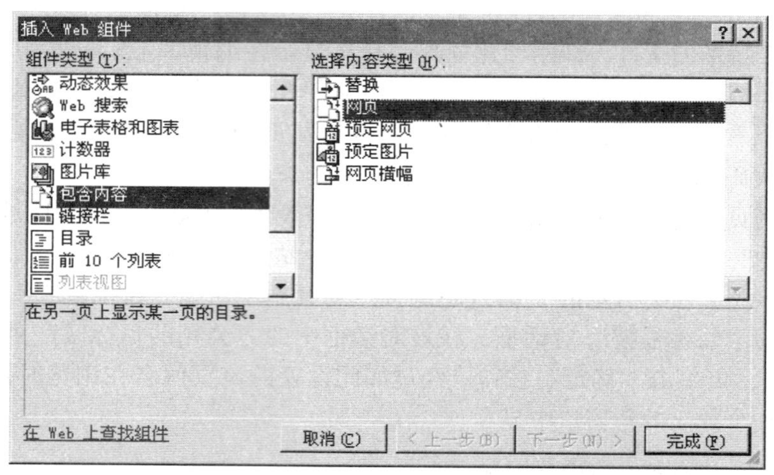

图 3—31　“插入 Web 组件”对话框（包含内容）

接着单击“完成”按钮，便出现如图 3—32 所示的“包含网页属性”对话框。单击该对话框右侧的“浏览”按钮，在文件列表中单击要包含的网页文件名将其选定，最后单击“确定”按钮即可。

图 3—32　“包含网页属性”对话框

如果在图 3—31 所示对话框的右侧列表中选择“预定网页”，再单击“完成”按钮，则会出现如图 3—33 所示的“预定的包含网页属性”对话框。这时可将一个包含网页设到“在预定的时间内”框中，将另一个包含网页设到“在预定的时间之前和之后”框中，并在下方各框中对所预定的开始和结束时间进行设定。这样两个包含网页会像走马灯似的在预定的时间轮换显示，产生奇特的效果。

五、综合应用实例

图 3—34 至图 3—36 所示是一个典型的公司站点规划中的网页概貌。其第一级链接（在①区下边）排有五项栏目，除首页外的每项栏目又都有各不相同的第二级链接（在②区左边），在该级链接之下才是众多的网页，可见此类公司站点具有栏目层次和网页较多的特点。

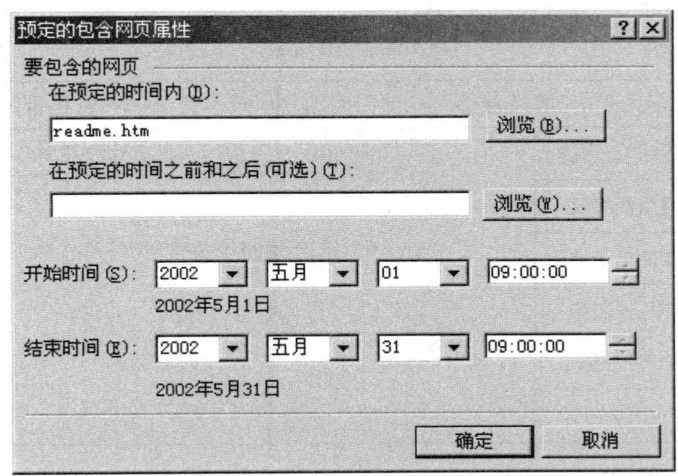

图 3—33　“预定的包含网页属性”对话框

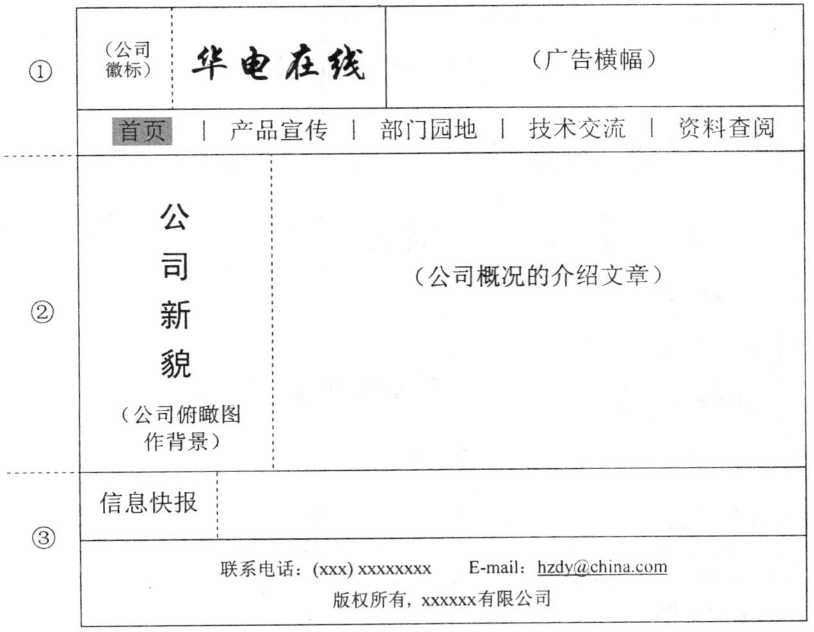

图 3—34　某公司网页示例（站点的首页）

为使众多网页显得井井有条，在浏览时不产生杂乱的感觉，要求位于上方的标题/广告/导航区①和位于下方的滚动新闻/注脚区③在各页面中都固定不动，变动的只是中部的各栏内容区②。另外，还要求同一栏目中的各页要统一背景色调，不同栏目页面的色调则要有所区别。

下面综合应用前面所学的多种共享页面设计技巧，制订满足上述要求的具体方案。

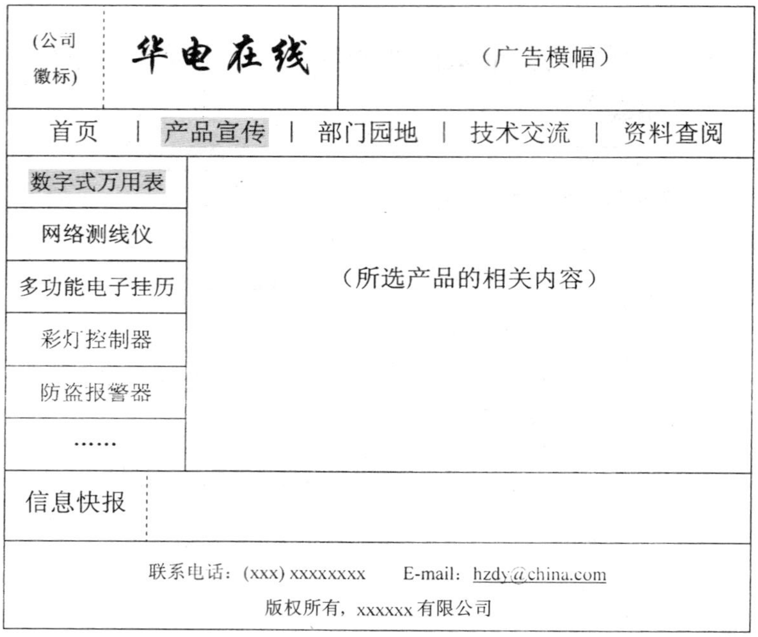

(公司
徽标)
华电在线
(广告横幅)
首页 | 产品宣传 | 部门园地 | 技术交流 | 资料查阅
数字式万用表
网络测线仪
多功能电子挂历
彩灯控制器
防盗报警器
……
(所选产品的相关内容)
信息快报
联系电话：(xxx) xxxxxxxx E-mail：hzdy@china.com
版权所有，xxxxxx 有限公司

图 3—35　某公司网页示例（产品宣传栏中的一页）

(公司
徽标)
华电在线
(广告横幅)
首页 | 产品宣传 | 部门园地 | 技术交流 | 资料查阅
党政工团
产品营销部
科研开发部
第一车间
第二车间
……
(所选部门的相关内容)
信息快报
联系电话：(xxx) xxxxxxxx E-mail：hzdy@china.com
版权所有，xxxxxx 有限公司

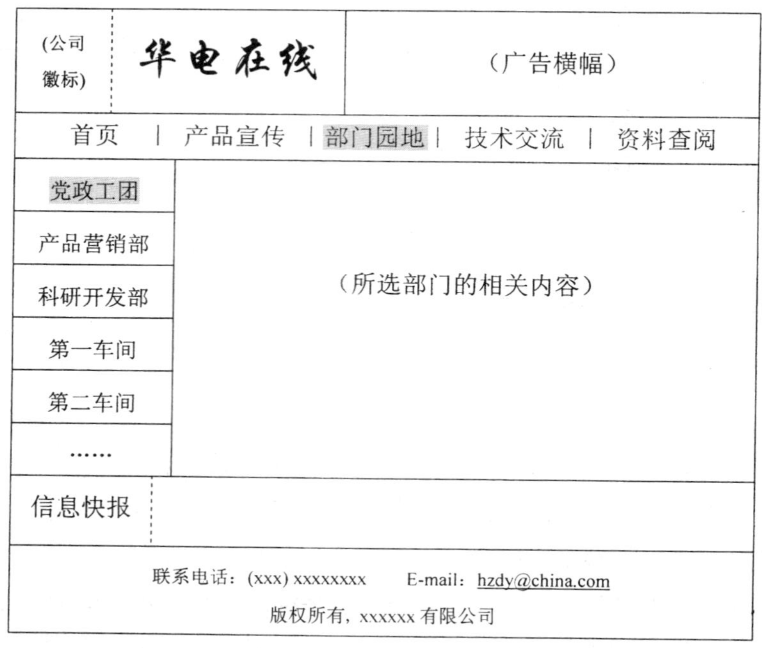

图 3—36　某公司网页示例（部门园地栏中的一页）

1．各区域所适用的方案组成

①区和③区紧靠上下两边，可以各用一个共享边框来安置。虽然也可考虑用划分三个上

下叠加的框架形式来实现①②③区的分隔及①③区的共享，其中①区为目录框架并在其中插入链接栏，②区为主框架并受①区控制，但②区内又有大量第二级链接需要用到框架设计，即②区内要再划分为左右两个框架，左边为子目录框架，控制右边的主框架，这样势必形成框架嵌套，这种结构就显得太复杂而不易实现。所以①③区还是应用简捷的共享边框，而在上下两个共享边框之间采用左右结构的框架网页。因“信息快报”内容更新较频繁，可将其专门制作成一个窄条形包含网页，再插入到下边的共享边框中，便于以后快速编辑更新。至于统一各栏页面的色调，可采用分别设置主题的方法。

2. 该方案具体实施的要点

首先在站点模板中选择新建“只有一个网页的站点”，一个空白首页即随之新建而成；打开首页进行编辑，先将中间部位（②区）的布局表格画出，然后设置出“应用于所有网页”的上、下两边的共享边框；在上边的共享边框内画出两行布局表格，于第一行内放置徽标、标题和横幅，于第二行内插入“基于导航结构”的链接栏，其导航范围勾选为“主页”和“主页下的子页”；再在下边的共享边框中画出两行布局表格，于第一行内插入“信息快报”包含网页（应预先制作好），于第二行内输入各页脚内容。进入“网页属性”对话框，将该页标题改为“首页”，保存时将该页文件名改为“index”。

首页制作成形后，再添加四个下一层级网页（①区链接栏中“首页”右边的四个超链接分别对应的页面），均为“左控右”型的横向两区域框架网页。为保证层次和类型的正确，其操作如下。

均先从框架网页模板中选择“目录”模板新建出网页，两边框架内均单击“新建网页”，各自取好标题和文件名并一一保存。要重视这步关键工作，切不可混乱。以“产品宣传”页新建后产生的三个文件为例，其左边的目录框架文件、右边的主框架初始文件和始终藏于后台的框架结构文件的标题与文件名可分别取为：“产品宣传目录”与“cpxcml”、“数字式万用表”与“szswyb”、“产品宣传”与“cpxc”。注意框架结构文件的标题可通过单击菜单栏“框架”→“框架属性”→“框架网页”→“常规”来修改，保存时最后一个出现的对话框是框架结构文件的。

然后进入导航视图模式（可单击视图栏“导航”或菜单栏“视图”→“导航”），右键单击首页图标，选择“添加已有的网页”选项，一定要在站点文件列表中找到各页的框架结构文件加进来，即先后围绕着首页进行四次添加操作，使这四个下一层网页并排排列在首页之后，位置不对者可以拖拽使其到位，如图 3—37 所示。然后回到网页视图模式，分别打开各页进行编辑。对于二级及以下更低层次的普通网页，均可采用“新建”→“取名”→“保存”→“添加”的方式进入站点中的正确位置。

最后通过主题设置来统一各栏目下的网页色调，打开文件夹列表窗格，将某个一级网页连同其下级各页一同选定，从主题列表中选择一种适宜的类型，必要时进入其修改状态在配色方案项进行细选，最终使四个栏目下的主题色调根据栏目特点而各有不同。如“产品宣传”栏各页均设为偏红黄色的暖色调，象征蓬勃奋进；“部门园地”栏各页均设为偏绿色的中性色调，代表恬静自然；“技术交流”栏各页均设为偏于蓝紫色的冷色调，体现严谨庄重；“资料查阅”栏各页均设为淡灰色为底的无色色调，显得轻松明亮。

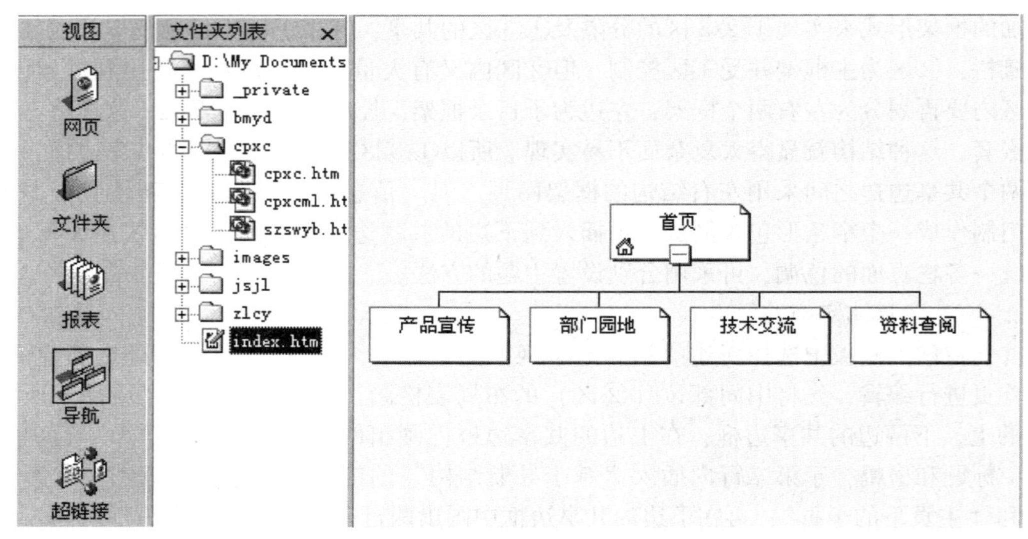

图 3—37　某公司网页示例（导航视图）

3–3　表单的应用

一、表单概述

1. 表单的功能和应用形式

一个高质量的网页除了提供自身信息供浏览者观看，还应能接收和处理浏览者发出的信息，并发回相应的反馈信息，这就是网页的交互功能。而表单就是实现网页交互功能的主要手段。

常见的表单应用形式如图 3—38 所示，浏览者可以通过填写或点选网页上的各种表单，将个人情况、要求和观点等发送给所到访的站点，再得到相应的反馈信息，从而实现整个交互过程。

2. 表单域及其常见类型

观察不同的表单形式，可发现形形色色的表单都是由一些基本构件组合而成的，这些基本构件称为表单域，又称为表单项或表单元素。

表单域的常见类型有（如图 3—38 中相应带圈标号处所示）：

（1）文本框①。文本框又称输入框，用于输入简短的信息，限单行文本。

（2）文本区②。文本区用于输入大段信息，允许换行，可输入多行文本。

（3）复选框③。复选框用于对某条信息进行“是”（显示打钩）或“否”（显示空白）的选定。

（4）选项按钮④。选项按钮用于选取多条信息中的一条，候选信息全部列出。

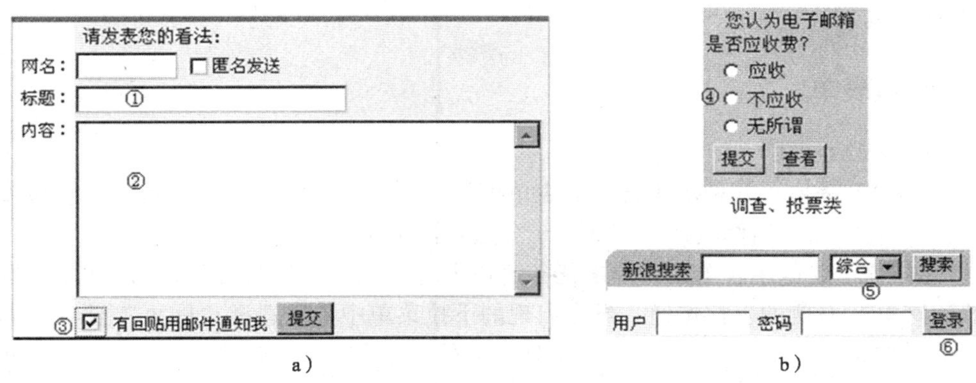

图3—38　常见的表单应用形式

a）留言、讨论类　b）搜索、登录类

（5）下拉框⑤。下拉框用于选取多条信息中的一条，候选信息只列出其中一条，要全部显示必须单击下拉框右侧的“▼”按钮。

（6）命令按钮⑥。命令按钮简称为按钮，用于表单信息填选完毕后的处理执行。

其他类型的表单域还有列表框（功用同下拉框，但其所选信息全部列出而无下拉按钮）、输入下拉框（为文本框与下拉框的结合，在所选信息之外还可自行输入信息）、分组框（仅起视觉强调作用，可将一个表单中的部分紧密配合的表单域圈围在一起）、文件上载框（用于载入文件时选择或输入文件名）等。

3. 表单信息的处理

网页浏览者在表单内填选的信息，一般有两种处理途径：绝大多数情形是提交到站点所在的服务器，由服务器上的表单处理程序进行加入数据库和生成反馈网页等自动处理；不常见的情形是发送到站点管理者的E-mail信箱中，由其进行手工处理。

网页中制作的表单能否发挥效用，很大程度上取决于服务器端是否存在能相配合的表单处理程序。一般而言，编辑网页的软件系统要和编制表单处理程序的软件系统相同或相兼容，所编表单才能生效。例如，运用FrontPage XP编辑网页并插入表单，服务器端必须相应地装有MS-FPSE（Microsoft FrontPage Server Extensions，即微软FrontPage服务器扩展程序），才能识别和处理FrontPage表单提交的信息。

由于微软的网络软件系统一直存在安全漏洞较大、与其他系统的兼容性不足等缺点，目前大多数Internet网站的服务器采用的是自行开发或第三方开发的包括表单处理程序在内的网页管理系统。故欲用FrontPage XP编制网页表单时，应先查明将要放置该网页的服务器是否装有微软FrontPage服务器扩展程序，如果没有，则应改用服务器端所能支持的表单。

许多服务器经营商已预先将专门制作的为本服务器完全支持的表单网页放在服务器上，由网页制作者申请后，将其调用代码插入到自己的网页中便能发挥作用。当然这种申请来的表单网页也有着强行插入广告、不能随意修改等缺点。在有条件的情况下，如拥有自己的站点服务器或服务器管理方开放了由网页制作者自编服务器端程序的权限，便可以自行编制表单处理程序，并按这个程序的数据格式编制网页上的表单。

不同系列的表单其编辑操作是相似的，下面仍以简捷易制的FrontPage表单为例，来学习编辑制作表单的基本方法。

二、创建表单

1. 由表单模板创建

FrontPage XP 提供了几种应用普遍的表单模板，制作表单时只要选择所需的表单模板插入到网页上，再加以适当修改即可完成，十分适合网页制作初学者。

先将光标置于要创建表单处，单击任务窗格中的“网页模板”，或者单击常用工具栏上“新建普通网页”右侧的下拉按钮，再在出现的下拉菜单中单击选择“网页”选项，即出现“网页模板”对话框（见图 1—34）。在该对话框的中下部，可找到以下有关表单的网页模板。

（1）搜索网页。这是一种供搜索文本信息用的表单，当浏览者按一定规则输入所搜索信息后，便经过网站搜索引擎的搜索自动生成一个显示搜索结果的网页返回。双击“网页模板”对话框中的“搜索网页”选项，即创建出如图 3—39 所示的含搜索表单的网页。

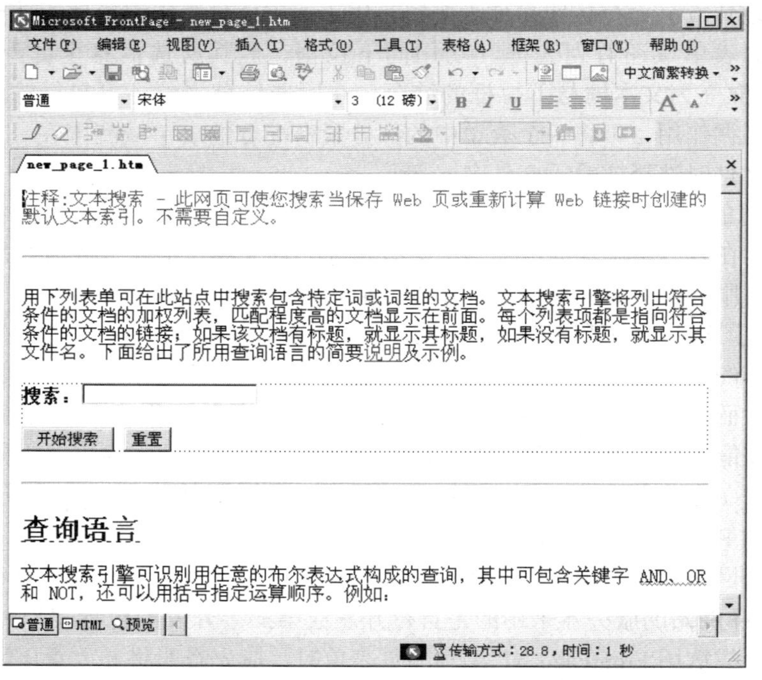

图 3—39　由“搜索网页”模板创建的网页

由模板创建出网页后，可根据实际需要修改或删除表单域上下的各种注释、说明之类的信息。因搜索类表单通常不必独占一页，可再大量添加其他的网页内容，组成综合性的网页。

（2）意见簿。意见簿又称留言簿，即供浏览者留下个人意见的表单。双击“网页模板”对话框中的“意见簿”选项，即创建出如图 3—40 所示的含有意见簿表单的网页。

该页后部嵌有一个名为“guestlog. htm”的包含网页，客户提交的留言信息将显示在这个

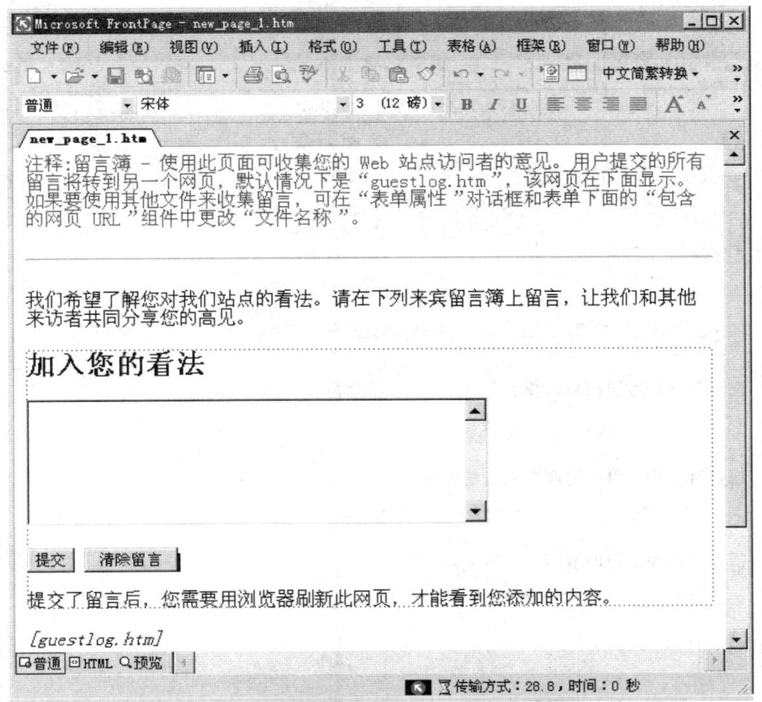

图 3—40　由“意见簿”模板创建的网页

包含网页中。双击“[guestlog. htm]”处即出现“包含网页属性”对话框，可修改此包含网页的文件名。

（3）意见反馈表单。这是功能类似“意见簿”但更为详尽的表单，既可接收浏览者提出的意见，又可获取浏览者的自身信息以便进一步的联系。双击“网页模板”对话框中的“意见反馈表单”选项，即创建出如图 3—41 所示的含有该表单的网页。

（4）用户注册表单。在网上聊天或向论坛发帖子时，通常要先行注册以获得参与权，用户注册表单就是用来收取注册者所登记信息的。双击“网页模板”对话框中的“用户注册”选项，即创建出如图 3—42 所示的含用户注册表单的网页。

该网页上的“[子站点名称]”应改为实际注册处的名称，如“××聊天室”或“××论坛”等，并在表单属性的设置中保持名称的一致。出于网络安全和资源限流等原因，需要开放给随意登录权限的用户注册表单很难在非自有的公共服务器上获得支持，故网页设计者应先确认将要发布本网页的服务器能否予以支持，再来设置此种表单。

（5）确认表单。这种表单所起的作用是给已成功发送表单信息者一个反馈，告知所发信息已经收到。双击“网页模板”对话框中的“确认表单”选项，即创建出如图 3—43 所示的含确认表单的网页。

双击该网页中的几个方括号所括之处，会出现如图 3—44 所示的“确认域属性”对话框，可在该对话框中将模板中的域值改为自己网页中惯用的名称。但要注意切勿乱改，此处相当于变量名，要在同一站点中保持一致。

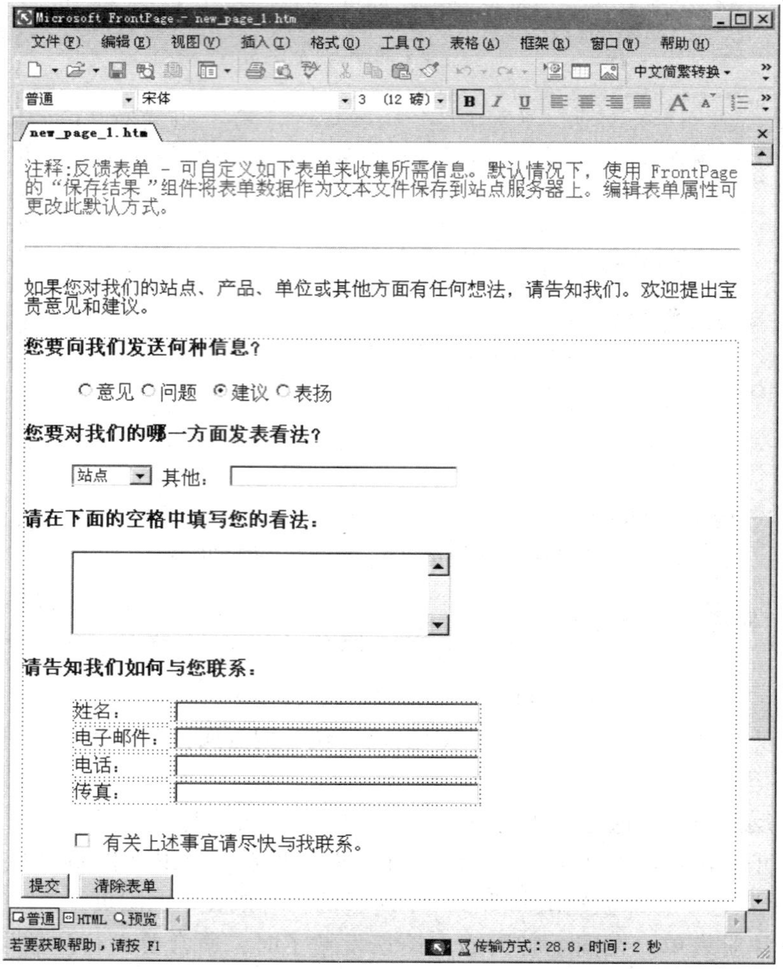

图 3—41 由“意见反馈表单”模板创建的网页

2. 由表单向导创建

模板的格式是事先做好的，显得比较呆板，虽可一步选择到位，但很可能跟实际要求的格式相差较远而需要做较多的修改。运用向导则可灵活地根据制作者的选择来一步步确定表单的具体格式，易于得到较为满意的最终结果。FrontPage XP 为制作表单设有非常详尽的创建向导，其运用方法如下。

先将光标置于要创建表单处，单击任务窗格中的“网页模板”，或者单击常用工具栏上“新建普通网页”右侧的下拉按钮，再在下拉菜单中单击选择“网页”选项，即出现“网页模板”对话框。双击其中的“表单网页向导”选项，即出现如图 3—45 所示的“表单网页向导”对话框的向导说明页面。

单击该页面中的“下一步”按钮，即出现如图 3—46 所示的“表单网页向导”对话框的定义问题页面（这里所说的“问题”是指需创建的表单项目）。

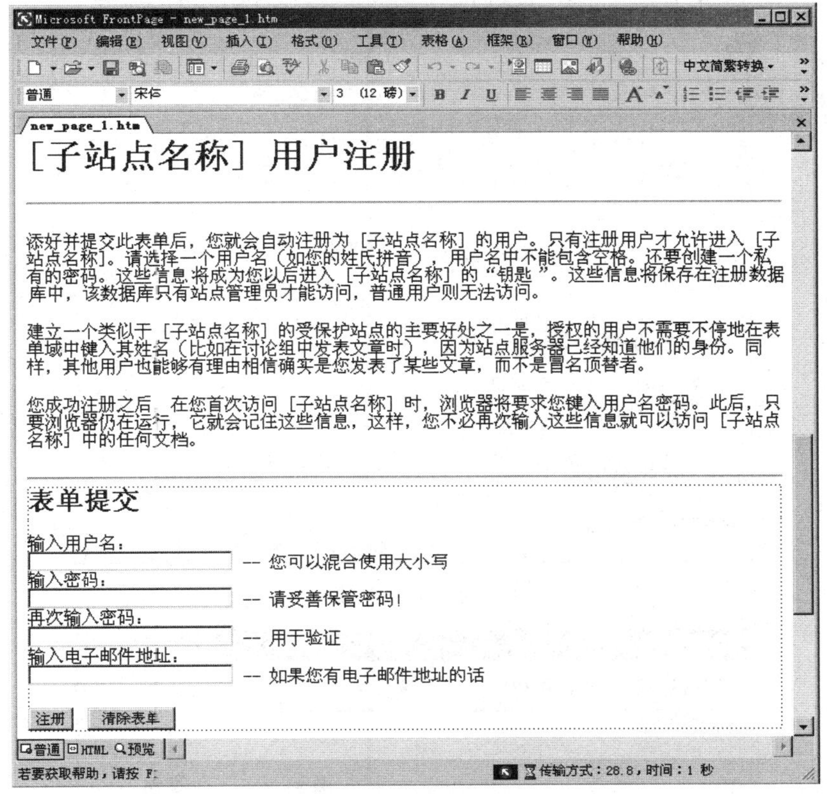

图3—42　由“用户注册”模板创建的网页

单击“添加”按钮，即出现如图3—47所示的“表单网页向导”对话框的选择输入类型和编辑提示页面。

下面仅以先后选择添加“联系信息”和“账户信息”这两个输入类型为例，来说明此环节的操作过程。

在选择输入类型和编辑提示页面（见图3—47）上部的输入类型列表中单击“联系信息”选项，再在该页面下部“编辑此问题的提示”文本框中输入相关提示，然后单击“下一步”按钮，即出现如图3—48所示的“表单网页向导”对话框的联系信息页面。

在该页面中单击选中所要设立项目的选项按钮或复选框，有必要的话还可在下部的文本框中修改本组变量的基本名称，注意一旦修改就要在本站点其他要调用该变量的相关页面上也进行同样的修改，以保持一致。然后单击“下一步”按钮，便又回到“表单网页向导”对话框的定义问题页面（见图3—46），此时可看到列表中增加了已定义项目“1. 请提供以下联系信息：”的显示。

再次单击“添加”按钮，重新弹出图3—47所示的页面，在其输入类型列表中单击“账户信息”选项，再在“编辑此问题的提示”文本框中输入相关提示，再单击“下一步”按钮，即出现如图3—49所示的“表单网页向导”对话框的账户信息页面。

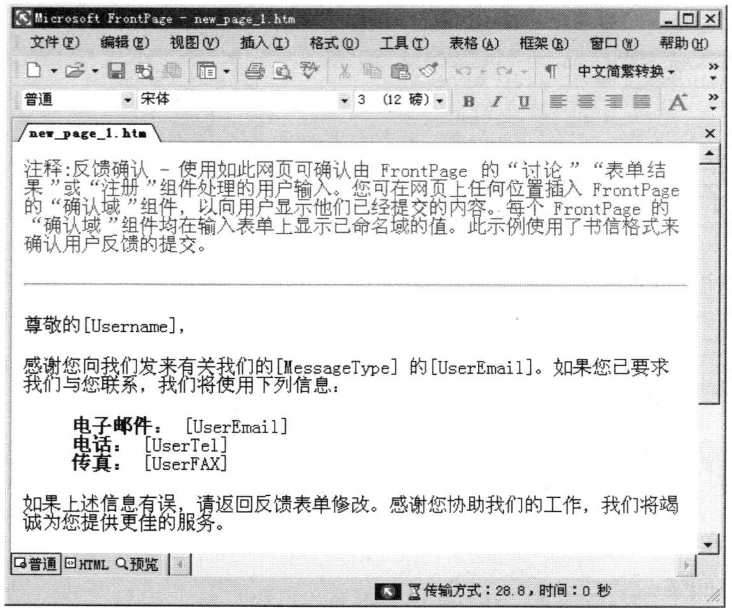

图 3—43　由“确认表单”模板创建的网页

图 3—44　“确认域属性”对话框

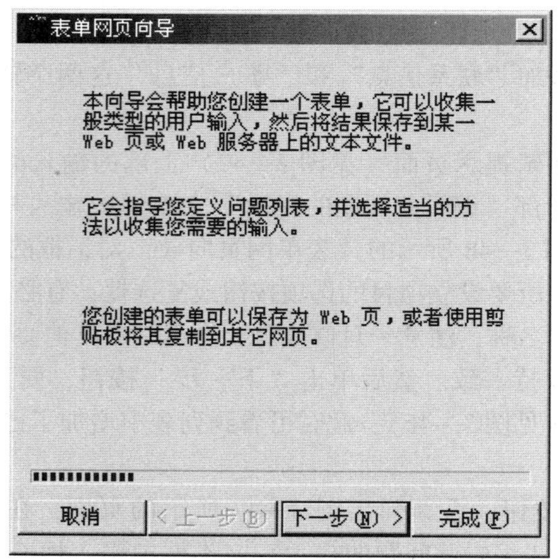

图 3—45　“表单网页向导”对话框（向导说明）

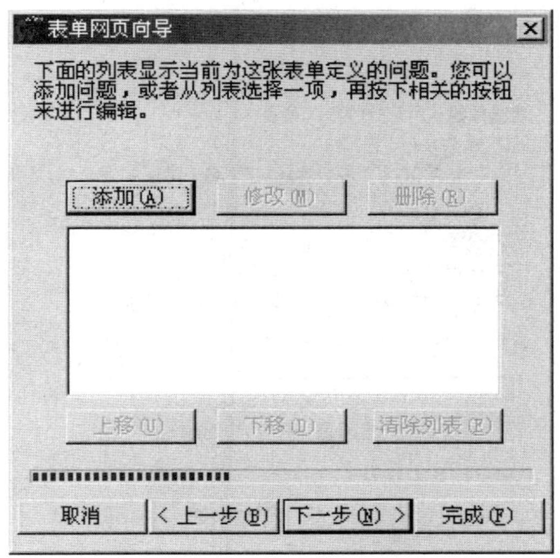

图 3—46　“表单网页向导”对话框（定义问题）

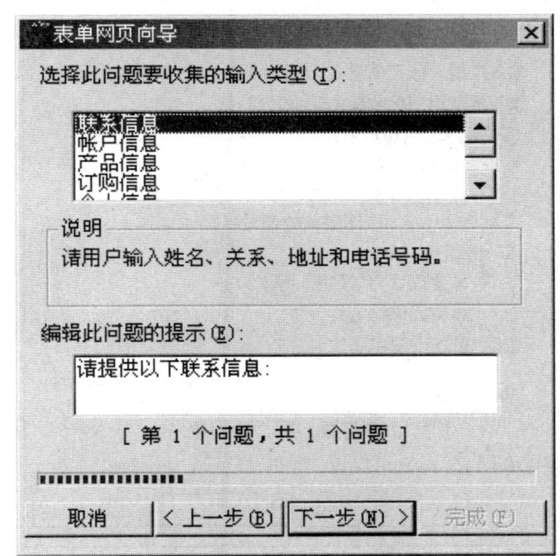

图 3—47　“表单网页向导”对话框（选择输入类型和编辑提示）

选中所需项目后，单击“下一步”按钮，再次回到“表单网页向导”对话框的定义问题页面，可看到又增加了第二个已定义项目“2. 请提供您的账户信息:”的显示。

如果不再添加新的项目，便可单击“完成”按钮，即创建出含有“联系信息”和“账户信息”两组表单的网页，如图 3—50 所示。

3. 自由创建

当对各种表单的形式和特性有了较深的了解后，就可抛开固定的模板和烦琐的向导，而采用随意插入表单域的方式来自由创建表单网页。下面就举例来说明。

这是一个在个人站点中用来获取交友信息的表单网页，所设计的界面如图 3—51 所示，其中许多项目是现有模板或向导中所没有的，故需要以自由创建的方式来实现。

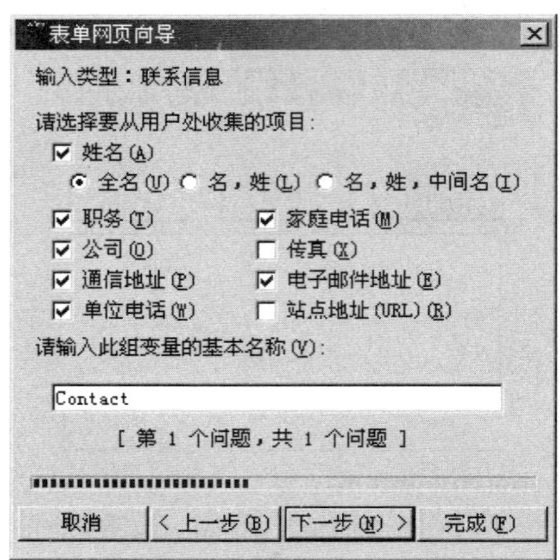

图 3—48 “表单网页向导”对话框（联系信息）

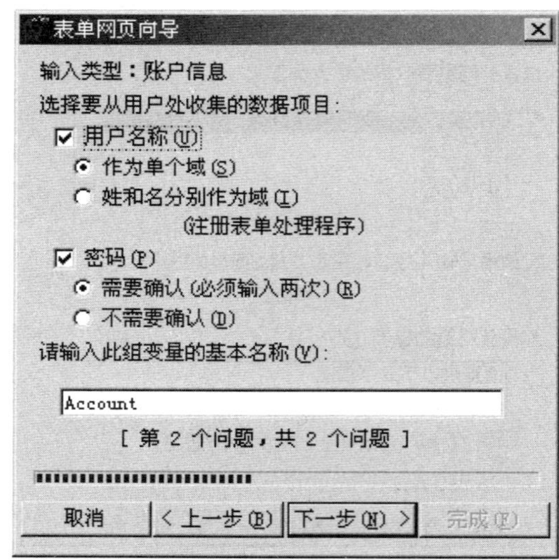

图 3—49 “表单网页向导”对话框（账户信息）

首先将表单上方的题头信息（图 3—51 中的“非常希望……”一句）输入，再单击菜单栏上“插入”→“表单”→“表单”，便生成一个含有“提交”和“重置”按钮但内容空白的表单设置区域。该区域被一虚线框所围，下列步骤所插入的各表单域都必须插到该虚线框内，所提交的信息才能汇成同一组，便于处理。

然后将光标置于虚线框中的“提交”按钮前面，按回车键插入一个空行。输入“请输入你的尊姓大名：”后，单击菜单栏“插入”→“表单”→“文本框”，按回车键。

接着输入“那么性别呢？男”，单击菜单栏“插入”→“表单”→“选项按钮”，按回车键；输入“ 女”，再单击“插入”→“表单”→“选项按钮”，按回车键。

接着输入“年龄多大呀？”单击“插入”→“表单”→“下拉框”，输入“周岁”，按回车键。

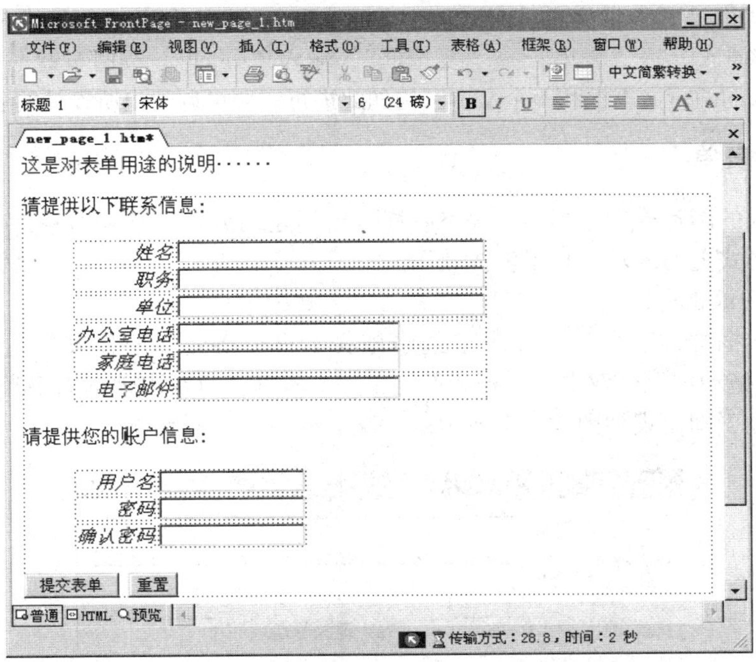

图 3—50　由表单网页向导创建的网页

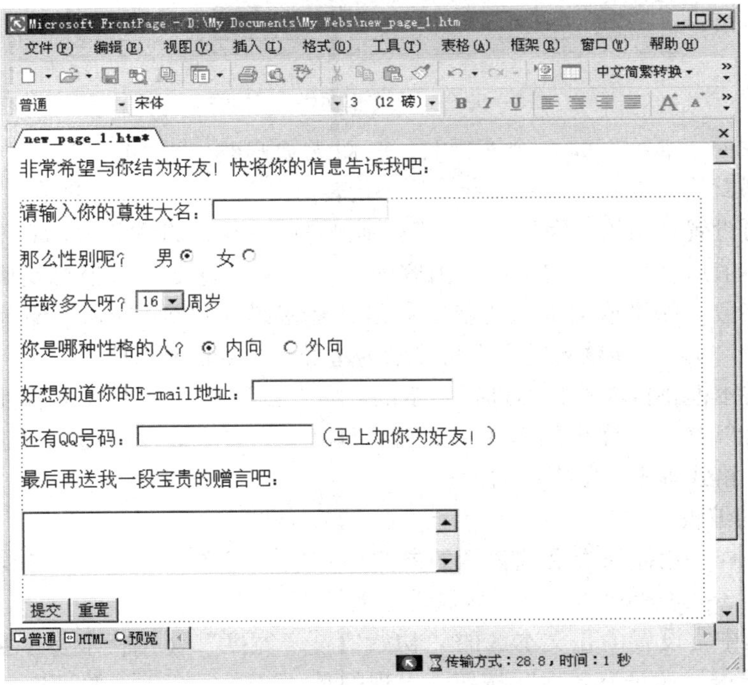

图 3—51　自由创建的表单网页

接着输入“你是哪种性格的人?”单击“插入”→“表单”→“复选框”，输入“内向”；再单击“插入”→“表单”→“复选框”，输入“外向”，按回车键。

后面要插入的两行文本框和一个文本区均如此进行，便可创建出所设计的表单网页。

三、编辑表单

如同刚插入的图片或者才画出的表格一样，新创建的表单还须经过一定的编辑和设置，才能完全达到形式上的要求，真正发挥效用。

1. 文本框的编辑

要调整文本框的左右宽度，先单击选中该文本框，将光标压住其右边沿上的调整柄（小黑格）向右拖动即可。双击文本框或右键单击文本框，再在出现的右键菜单中单击“表单域属性”选项，即出现如图3—52所示的“文本框属性”对话框。

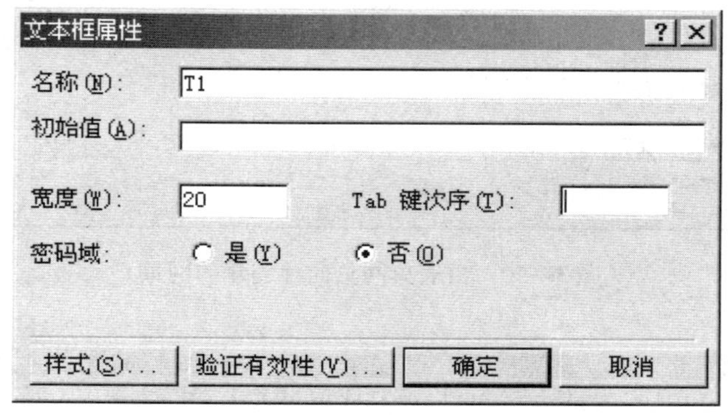

图3—52 “文本框属性”对话框

该对话框中的“名称”是一个变量名，一般无须修改。“Tab键次序”可填入一个整数，如不填，即默认为按从前至后的自然顺序跳转。必要时可填入“初始值”，如获取网站地址的文本框可设置其初始值为“http://”，则浏览时初始值将预先显示在文本框之首，浏览者只需在初始值后填写余下的文本框内容即可。改变“宽度”数值可精确设定该文本框最多可输入的字数。如果该文本框要获取的信息是密码（口令），则还要单击选中“密码域”的选项按钮“是”，所输入的文本将显示为星号，起到保密作用。

如果要对文本框将接收的数据进行一定的限定，则可单击“文本框属性”对话框下部的“验证有效性”按钮，弹出如图3—53所示的“文本框有效性验证”对话框，根据需要对数据的类型、格式等进行限定性的设置。

2. 文本区的编辑

跟文本框一样，用拖动边沿调整柄的方法可直接改变文本区的高度和宽度。双击文本区，将显示如图3—54所示的“文本区属性”对话框。

在该对话框中常设置的是文本区的“初始值”“宽度”（每行最多字数）和“行数”（高度）。如果单击“验证有效性”按钮，出现的是“文本框有效性验证”对话框，同样可用来限定文本区所输入的数据。

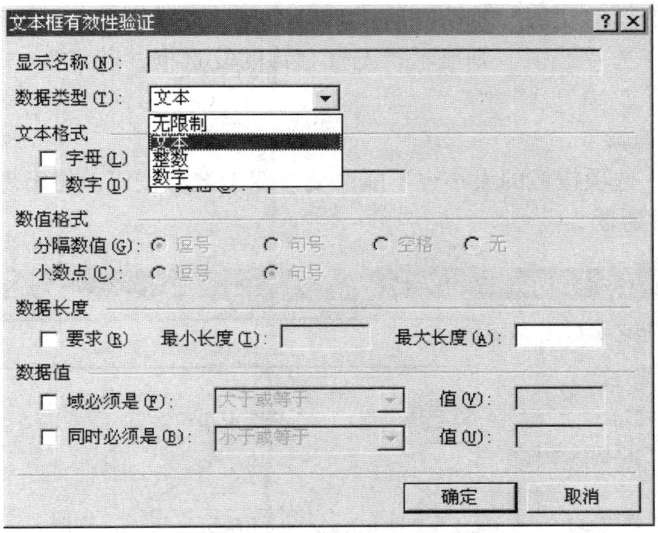

图 3—53　“文本框有效性验证”对话框

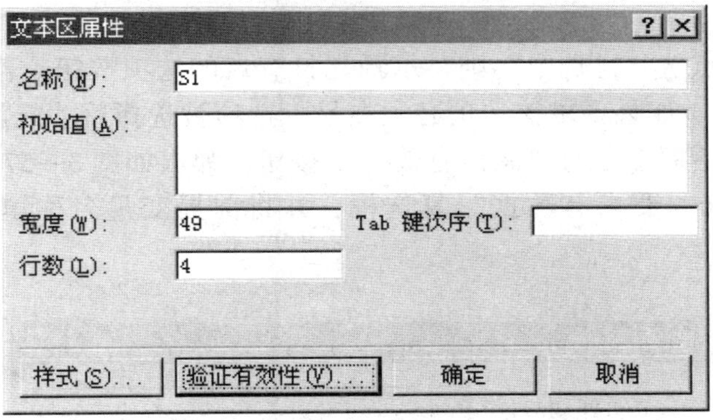

图 3—54　“文本区属性”对话框

3. 复选框的编辑

单击复选框虽也能出现调整柄，但复选框的大小不可改变。双击复选框，将出现如图 3—55 所示的“复选框属性”对话框。

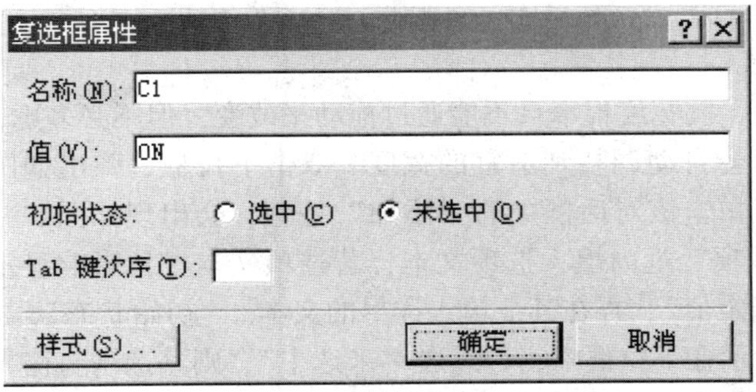

图 3—55　“复选框属性”对话框

所插入的各复选框的“值”均取默认值“ON”（表示有效），不要改动。“初始状态”就是默认状态，若点选“选中”则显示预先打有钩的复选框，若点选“未选中”则显示无钩的复选框。

4. 选项按钮的编辑

跟复选框一样，选项按钮的大小也不能改变。双击选项按钮，将出现如图 3—56 所示的“选项按钮属性”对话框。

选项按钮属性
组名称(N): R1
值(A): V1
初始状态: 已选中(E) 未选中(O)
Tab 键次序(T):
样式(S)... 验证有效性(V)... 确定 取消

图 3—56 “选项按钮属性”对话框

“初始状态”若点选“已选中”则显示预先打有点的选项按钮，若点选“未选中”则显示无点的选项按钮。如果要求该选项必须在另一选项被选择后才能加以选择，则可单击“选项按钮属性”对话框下方的“验证有效性”按钮，弹出如图 3—57 所示的“选项按钮验证”对话框，勾选“要求有数据”复选框，并将前提变量名称填入“显示名称”框内。

图 3—57 “选项按钮验证”对话框

5. 下拉框的编辑

刚插入的下拉框，其宽度很窄且不能通过拖动来改变，但不必多虑，待完成下述添加选项的操作后，下拉框会自动调整到适宜的宽度。双击下拉框，弹出如图 3—58 所示的“下拉框属性”对话框。单击该对话框中的“添加”按钮，会出现如图 3—59 所示的“添加选项”对话框。在“选项”框内填入选项文本，若选项文本过长影响显示效果，则可以只填缩略词，并勾选“指定值”，再在其下填入详尽的文本。“初始状态”若点选“选中”则该选项将作为默认值显示在下拉框中；若点选“未选中”，则其选项将隐藏在下拉框下，且只有单击下拉框右端的“▼”按钮才能在所展开的列表中显示出来。

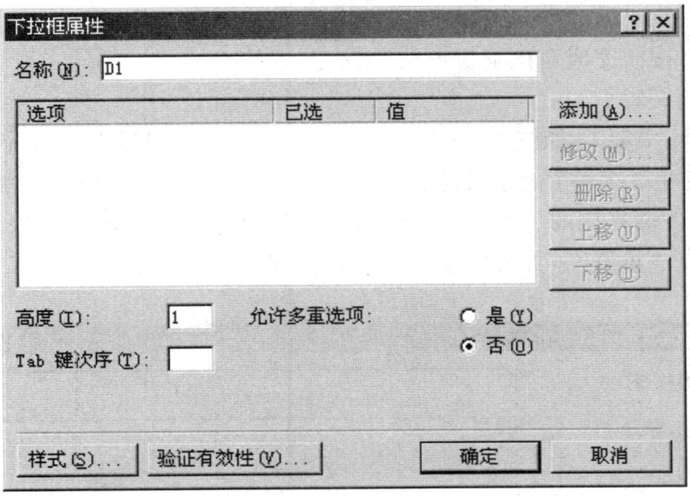

图 3—58　“下拉框属性”对话框

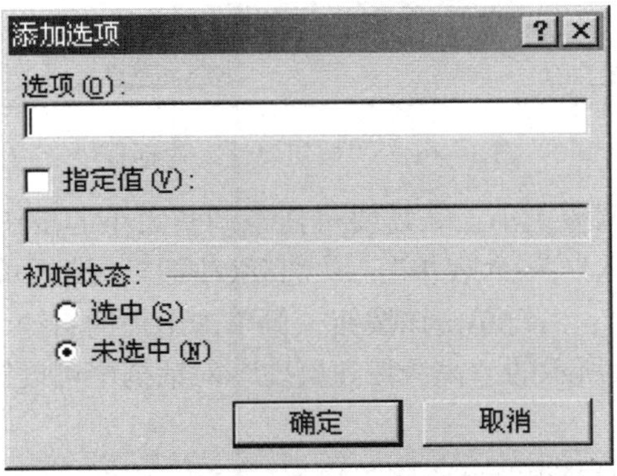

图 3—59　“添加选项”对话框

若欲对该下拉框的启用设置前提限制，则可单击“下拉框属性”对话框中的“验证有效性”按钮，弹出如图 3—60 所示的“下拉框验证”对话框，勾选其中的前提选项，并填入代表前提选项域值的变量名。

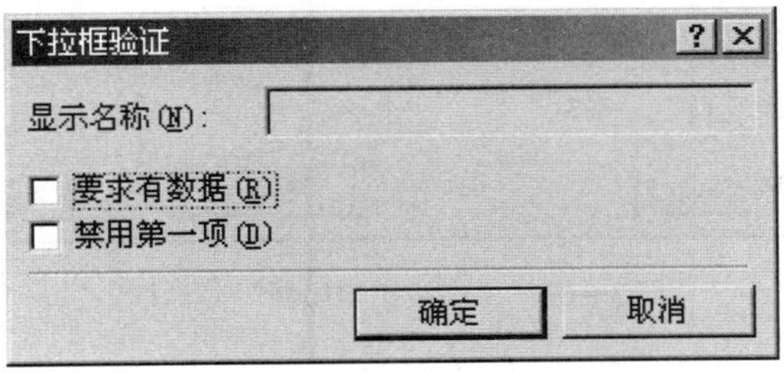

图 3—60　“下拉框验证”对话框

然后，单击“确定”按钮回到“下拉框属性”对话框，再反复进行添加选项的操作，直到该下拉框中计划包含的所有选项齐全。随后，可单击“上移”或“下移”按钮来调整各选项的顺序，单击“修改”按钮来重新设定选项，单击“删除”按钮去掉多余的选项。最后单击“确定”按钮完成对该下拉框的设置。

6. 命令按钮的编辑

双击命令按钮，即出现如图3—61所示的“按钮属性”对话框。与前面的表单域一样，无特殊情况不要改变“名称”框内的代码。“值/标签”则可随意修改，如将“提交”改为“发送”或者诸如“请将您的宝贵意见发送给我们”等这样更亲切的言辞。“按钮类型”一般选择“提交”或“重置”，如需赋予自定义动作则选择“普通”。

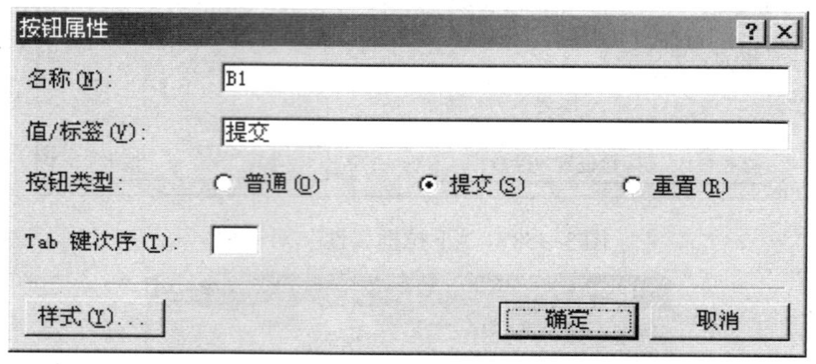

图3—61　“按钮属性”对话框

一般的命令按钮不能调整大小，若需要可任意调整大小的按钮，可将光标移至按钮应处位置后，单击菜单栏“插入”→“表单”→“高级按钮”，然后单击所插入的“高级按钮”便可修改该按钮的标签文本，右键单击该按钮，再单击出现的右键菜单中的“高级按钮属性”选项，在弹出的如图3—62所示的“高级按钮属性”对话框中可设置该按钮的高度和宽度。

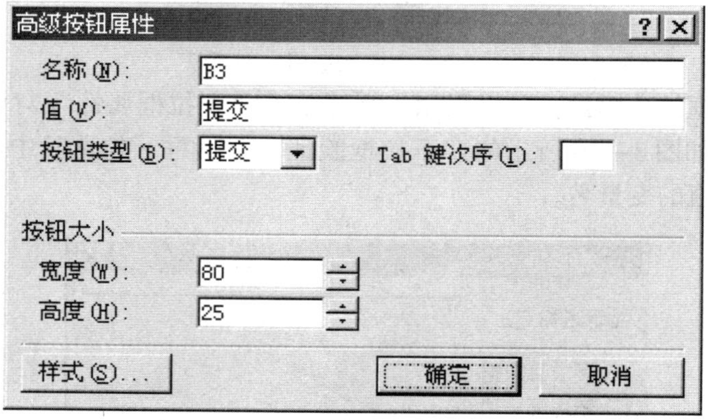

图3—62　“高级按钮属性”对话框

7. 表单的总体编辑

(1) 表单大小和表单域间距的调整。在FrontPage XP的编辑界面中，包括各个表单域的整个表单被一虚线框所围，该虚线框不能像表格边框那样可以通过拖动来调节大小。若要调节整个表单的大小，可先在表单所在位置插入一个表格，再在该表格中插入表单，这样便可通过拖动表格边框来调整表单大小。注意要在一个单元格内插入整个表单。

如果还要对该表单的各表单域做细致定位，可再嵌套插进一个子表格，之后便可将各表单域插入到不同的单元格内。整个制作步骤按以下顺序进行：在母表格的一个单元格内插入表单→在该表单内插入子表格→在该子表格的不同单元格内分别插入各表单域。

若表单内的各表单域只是顺序堆叠而排位并不复杂，就无须在表单内插入子表格，这时需要调整的主要目标是各表单域间的距离。可选定整个表单，再单击菜单栏上的“格式”→“段落”，在弹出的“段落”对话框中调整段落间距，输入适当的“段前”和“段后”值，便能达到目的。

（2）表单属性的设置。此处的设置非常重要，决定着表单结果，即浏览者在该表单中填写的各项数据发往何处保存与处理，并给整个表单设定一个正式的名称。右键单击表单中的任意位置，在出现的右键菜单中单击选择“表单属性”选项，便弹出如图 3—63 所示的“表单属性”对话框。

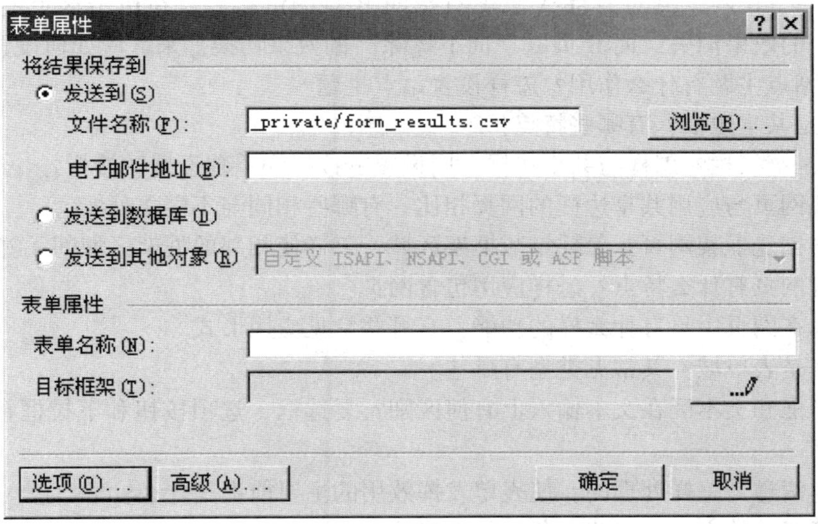

图 3—63　“表单属性”对话框

在该对话框中，有多个保存表单结果的目标可供选择，其中最常用的是将表单发送到已存在于服务器上的一个特定的数据库文件中，再由服务器上的专门接收程序读取该数据库文件中的数据并进行有关处理。发送到电子邮件地址的方式也有较大的使用价值，因个人或小单位站点多不具备在服务器端安置自己专用的数据处理程序的能力，将表单结果用自己的电子邮箱接收下来，不失为一个能使表单发挥效用的解决办法。只是通过电子邮件发来的表单数据一般要进行人工处理，适用于访问量不大的表单网页。必要时，可单击该对话框左下角的“选项”按钮，对各发送目标的更多选项进行深入的设置。

在“表单名称”文本框中输入给该表单所起的名称，注意表单名称跟各表单域的名称一样要采用英文或拼音缩写（必要时附加数字），不要将该表单在页面中的中文标题直接拿过来作为名称。整个站点中各个表单的名称必须唯一。

表单与大多数网页元素不一样，网页编辑者在发布前的本机自行浏览中只能看到表单的外观效果，而看不到表单信息的发送—接收的运用效果，此时也就不能加以调试，必须在发布到服务器后，于在线状态下才能进行实际运用效果的观察及调试。

习　　题

1. 怎样插入和修改滚动字幕？
2. 横幅广告管理器有何优点？对要添加进来的图片有何要求？
3. 悬停按钮有哪两种类型？各举一例说明其制作方法。
4. 若想使某段文字在鼠标悬停其上时便自动加粗，应如何设置？
5. 若想使某幅图片遇鼠标单击时便立刻消失，应如何设置？
6. 现有 A、B 两个网页，且 A 页上有指向 B 页的链接。欲在单击这个链接时 A 页以“随机溶解”的效果消失，而 B 页以“向下擦除”的效果切换上来，应如何设置？
7. 设置站点主题有什么作用？怎样设置站点主题？
8. 什么是共享边框？有哪些特点？
9. 什么是链接栏？怎样与共享边框一同设置链接栏和单独设置链接栏？
10. 框架网页与应用共享边框的网页相比，有哪些相同与不同之处？
11. 怎样创建框架网页？怎样增减框架区域？怎样使相邻的框架区域间无缝过渡？
12. 包含网页有什么特点？怎样应用包含网页？
13. 表单在网页中具有什么样的功能？有哪些常见应用形式？
14. 什么是表单域？其常见类型有哪些？
15. 文本框和文本区在文本输入上有何区别？复选框、选项按钮和下拉框在项目选择上有哪些区别？
16. 表单信息是怎样处理的？使表单发挥效用的主要前提是什么？
17. 创建表单的方式有哪些？各有什么优缺点？
18. 自由创建一个含有 5 条以上表单域的表单，画出表单外观并说明其操作步骤。
19. 怎样调整文本框的大小？怎样使复选框显示为默认打钩？
20. 怎样利用表格来帮助调节整个表单的大小和对表单内各表单域进行定位？

第4章　HTML代码的编辑

初学者编辑制作网页，通常习惯于在FrontPage XP的“普通”操作界面下以“所见即所得”的方式来进行，但这种方式只能进行基本的编辑操作，一些高级的技巧和特效必须应用直接编辑HTML代码的方式。本章将进一步学习HTML代码的编辑方法。

4-1 初识HTML代码

一、HTML的概念及特点

HTML是Hyperlink Text Markup Language（超文本标记语言）的缩写，这是一种描述型的计算机高级语言，比运算型的语言（如BASIC、C语言）要简单得多，只是运用一套符号来顺序标记网页结构和各种页面元素的特征，浏览器便根据这些标记来显示网页。

在图4—1所示的网页中，仅插有一个划分为三个单元格的表格，其中的两个单元格内分别有一行文本和一幅图片，另一个单元格是空的。单击FrontPage XP编辑窗口下的“HTML”按钮，便可看到如图4—2所示的该网页的所有HTML代码。

仔细观察该网页的HTML代码，可发现网页是由两部分代码构成的：

从<head>到</head>之间的代码是网页的“头”部分，在其中标明了该网页的语言类型、编辑该网页所用的软件及其版本、所用的字库类型、网页的标题等。

从<body>到</body>之间的代码是网页的“身体”部分，各种页面内容便标记其中。如<table…>到</table>之间标记的是一个表格，其中<tr>到</tr>之间标记的是表格的一行，<td…>到</td>之间标记的是一个单元格，并可看到第一个单元格中有文本“我的网页”，第二个单元格中有一个文件名为“welcome. gif”的图片，第三个单元格中没有任何内容。

大多数HTML标记语句均具有“容器型”的特征，即以<×××>…</×××>的形式出现，将所描述的对象夹在其中。在观察HTML代码的时候，要注意这个特征，准确把握各对标记词的所括区域。另外，HTML代码中的命令和参数（双引号以外的代码）并无字母

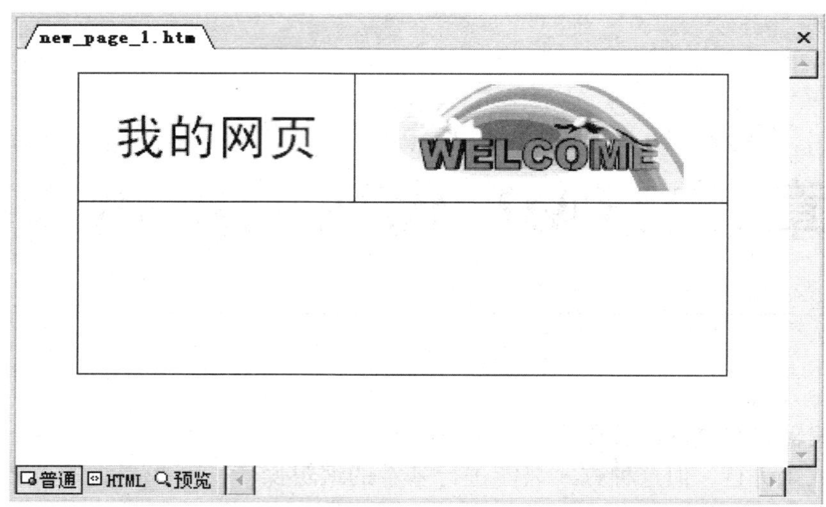

图 4—1　一个简单的网页示例（在“普通”编辑窗口）

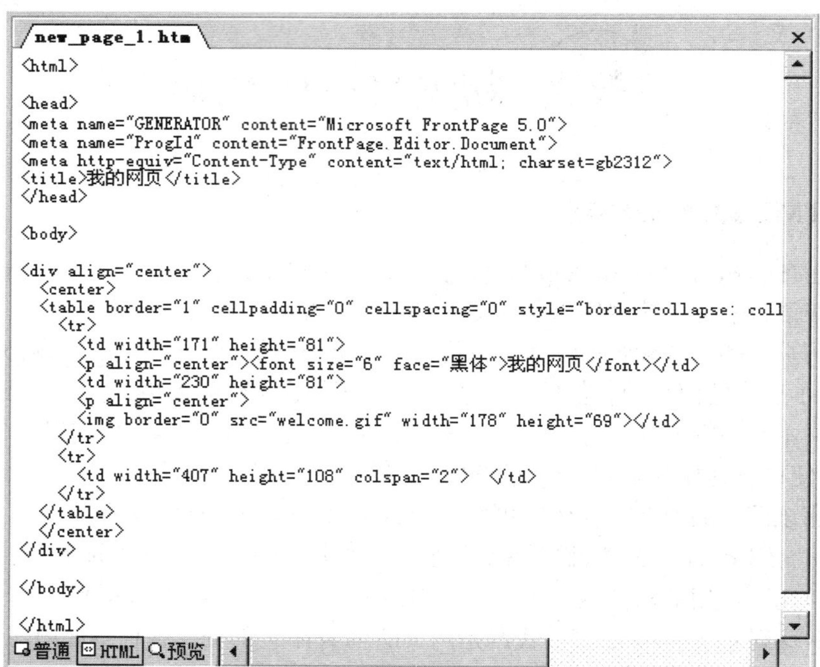

```
<html>

<head>
<meta name="GENERATOR" content="Microsoft FrontPage 5.0">
<meta name="ProgId" content="FrontPage.Editor.Document">
<meta http-equiv="Content-Type" content="text/html; charset=gb2312">
<title>我的网页</title>
</head>

<body>

<div align="center">
  <center>
  <table border="1" cellpadding="0" cellspacing="0" style="border-collapse: coll
    <tr>
      <td width="171" height="81">
      <p align="center"><font size="6" face="黑体">我的网页</font></td>
      <td width="230" height="81">
      <p align="center">
      <img border="0" src="welcome.gif" width="178" height="69"></td>
    </tr>
    <tr>
      <td width="407" height="108" colspan="2">  </td>
    </tr>
  </table>
  </center>
</div>

</body>

</html>
```

图 4—2　一个简单的网页示例（在“HTML”编辑窗口）

大小写的区别，但习惯上统一使用小写字母。

二、HTML 代码的编辑方法

进入 FrontPage XP 的“HTML”编辑窗口后，便可直接编辑修改网页的 HTML 代码。例如，在图 4—2 所示的窗口中，将位于文件头的文本“我的网页”改为“网上之家－首页”，将位于文件体的文本“我的网页”改为“网上之家”，再到最后一个单元格标记的空当部位（在第三对 <td…> </td>间所夹的空白处）输入一行文本“欢迎光临本站！”，保存后用浏览器预览，便可看到如图 4—3 所示的页面，在浏览器标题栏上和浏览窗口中的两处标题都已变为修改后的文本，在第三个单元格中出现了所添加的文本。

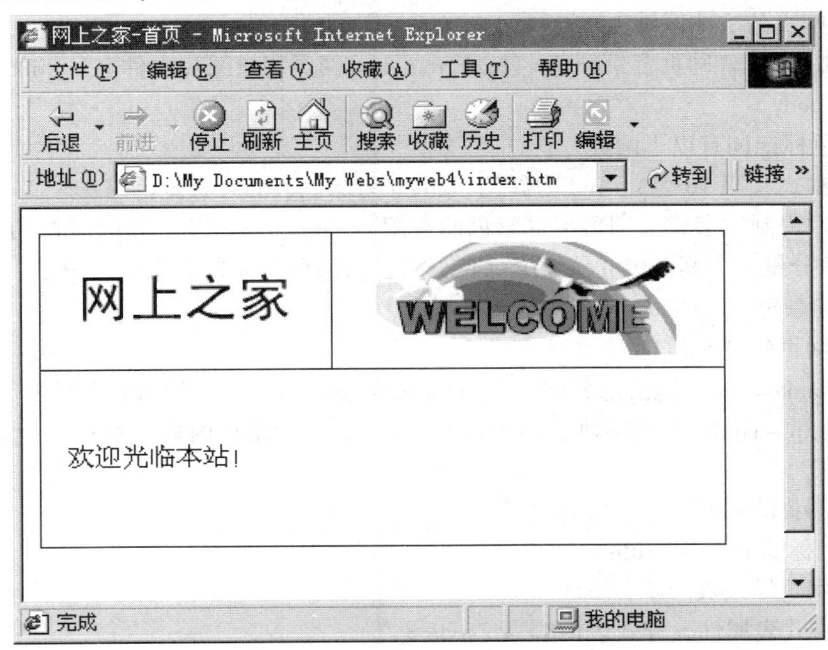

图 4—3　一个简单的网页示例（修改后用浏览器预览）

除了直观地修改 HTML 代码中的文本，也可以更深入地增删 HTML 代码中的标记命令和修改其后的标记参数。例如，增加一对 <table> </table> 标记，便等于在网页中插入了一个空表格；将 <table border="1"… > 中的数值由 1 改为 0，则表格线的粗细便设置为 0，表格线隐藏。

在增删成对出现的 HTML 标记词时，要注意避免遗漏尾部标记词。有的 HTML 参数具有一定范围，随意修改易出错，故应在试改过程中勤于预览以便及时发现错误。如果发现出错，应立即单击常用工具栏上的“撤销”按钮退至该步修改前的状态。

若计算机上没有安装 FrontPage 等专用网页编辑器，可采用直接编辑当前网页 HTML 代码的方法来达到目的。使用 Windows 自带的“记事本”程序打开网页的 htm 文件，即可对有关代码进行修改。

三、常见 HTML 代码释义

要运用自如地编辑修改网页的 HTML 代码，就应熟知这些代码的含义。对于初学者而言，要立足于以“所见即所得”的方式编辑网页，而将直接修改 HTML 代码作为辅助手段，所以了解下面列出的一些最基本的 HTML 代码即可。

1. 标记网页的全部区域

<html>… </html>

2. 标记网页的头部区域

<head>… </head>

3. 标记网页的主体区域

<body bgcolor="网页背景颜色" background="网页背景图片文件名" link="超链接颜色"> … </body>

其中颜色标记词有以下两类。

(1) 文本式（限16色）：red 为红色、green 为绿色、blue 为蓝色等。

(2) 十六进制数字式（因可标真彩色而常用）：#*nnnnnn*。其中 *n* 取值0~F，左边两位 *n* 值定义红色分量，中间两位 *n* 值定义绿色分量，右边两位 *n* 值定义蓝色分量，是由三原色合成所显示的颜色。

4. 标记网页的制作信息

<meta name="所标记信息名称" content="信息内容（如所用编辑器）">

<meta http-equiv="网络协议相关信息" content="信息内容（如所用代码）；charset=基本字符集">

5. 标记网页的标题

<title> 标题文本 </title>

6. 标记网页样式表

<style 样式表属性>样式表内容 </style>

7. 标记网页的注释信息

<!--注释内容-->

注释内容中如果含有程序代码，并不影响该代码发挥功用。

8. 标记背景音乐

<bgsound src="背景音乐文件名" loop="播放次数">

若播放次数标为-1则表示循环播放。

9. 标记网页元素的分组定位框

<div align="对齐方式" style="width：定位框宽度；height：定位框高度">
… </div>

对齐方式标记词：left 为左对齐、center 为水平居中、right 为右对齐、top 为顶端对齐、middle 为垂直居中、bottom 为底端对齐。

宽度或高度标记词如下。

(1) 相对尺度：*n*%（占最大尺度的百分比）。

(2) 绝对尺度：*n*（像素）。

10. 标记表格

<table border="边框粗细" cellpadding="单元格边距" cellspacing="单元格间距" bordercolor="边框颜色" width="表格宽度" height="表格高度" bgcolor="表格背景颜色"

background ="表格背景图片文件名" > … </table>

11. 标记表格行

<tr>… </tr>

12. 标记单元格

<td width ="单元格宽度"　height ="单元格高度"　valign ="垂直对齐方式"　bordercolor ="边框颜色"　bgcolor ="单元格背景颜色"　background ="单元格背景图片文件名"> … </td>

13. 标记段落

<p align ="对齐方式"> … </p>

如果不是多对 <p…> </p> 相邻，则尾部标记 </p> 可省略。

14. 标记段落内的强制换行（按 Shift + Enter 键产生的换行）

15. 标记文本格式

<font size ="字号"　face ="字体"　color ="字符颜色"> 所修饰文本 </font>

其中字号标记词如下。

（1）字号方式：*n*（*n* 取值 1 ~ 7，只能用于标记文本格式）。

（2）磅数方式：*n* pt（常用范围 8 ~ 36 pt，相当于 1 ~ 7 号字）。

（3）像素数方式：*n* px（大约相当于同值磅数的 3/4 大小）。

后两种方式还用于标记文本样式，其 *n* 值可取任意正整数，在样式标记中如果不标单位则默认单位为 px 。

16. 标记文本样式

<span style ="font - size：样式字号；font - family：样式字体；lang：样式字符集；background - color：字符底纹颜色；letter - spacing：字符间距；line - height：行间距；margin - top：段前间距；margin - bottom：段后间距；text - indent：首行缩进；margin - left：左缩进；margin - right：右缩进"> 所修饰文本 </span>

间距标记词如下。

（1）相对尺度：*n*%（占单字宽度或单行高度的百分比）。

（2）绝对尺度：*n*（像素）或 *n* pt（磅）。

17. 标记文本特殊效果

（1）加粗显示：<b> 所修饰文本 </b>

（2）倾斜显示：<i> 所修饰文本 </i>

（3）加下划线：<u> 所修饰文本 </u>

（4）设为上标：^{所修饰文本}

（5）设为下标：_{所修饰文本}

18. 标记标题文本

<h*n* align ="对齐方式"> 所修饰文本 </h*n*>

n 取值 1 ~ 6，分别对应 1 ~ 6 号标题，号数越小则标题字体越大。

19. 标记图片

<img src ="图片文件名" width ="图片宽度" height ="图片高度" border ="图片边框粗细" align ="对齐方式" alt ="替代表示文本">

20. 标记超链接

<a href ="超链接地址"> 设置超链接的对象 </a>

21. 标记滚动字幕

<marquee width ="字幕宽度" height ="字幕高度" behavior ="滚动表现方式" direction ="滚动方向" scrollamout ="滚动速度"> 滚动字幕文本 </marquee>

滚动方向标记词：left 为向左、right 为向右、up 为向上、down 为向下。

22. 标记水平线

<hr color ="线颜色" align ="对齐方式" width ="线长度" size ="线粗细">

23. 标记表单域

<form method ="表单数据传送方式" action ="表单数据处理程序所在地址" name ="表单名称"> 各表单部件代码 </form>

24. 标记表单部件

（1）输入部件：<input type ="输入类型" value ="部件标题" name ="部件名称" size ="单行文本所限宽度" cols ="多行文本所限宽度" rows ="多行文本所限行数" weap ="自动换行方式" src ="图片所在地址">

输入类型标记词：text 为文本框、textarea 为文本区、checkbox 为复选框、radio 为单选按钮、submit 为提交按钮、reset 为重置按钮、button 为自定义按钮、file 为文件上传、image 为图片、password 为密码。

自动换行方式标记词：off 为禁止换行、hard 为硬换行、soft 为软换行。

（2）菜单选择：<select size ="下拉框高度" name ="菜单名称" multiple（允许多选）> 多条选项代码 </select>

选项代码为：<option selected（默认选中）> 选项文本 </option>

25. 标记脚本程序

<script language ="脚本语言名称"> 脚本程序代码 </script>

26. 标记半角特殊字符（见表 4—1）

表 4—1　　HTML 常用半角特殊字符

特殊字符	描述	HTML 代码
	空格	
"	双引号	"
<	小于号	<
>	大于号	>
&	逻辑加号	&

这些字符在 HTML 代码集中有特殊含义，若作为纯文本显示则标记为上述替代符号组，可避免浏览器解读时发生混乱。

四、HTML 代码编辑实例

虽然大部分的网页制作任务都可在 FrontPage XP 的“普通”编辑状态下完成，但仍有一些比较特别的制作要求需要在“HTML”编辑状态下才能实现。下面就介绍几个这方面的实例。

1. 制作可上下滚动的字幕

在 FrontPage XP 的“字幕属性”对话框（见图 3—2）中，对于字幕滚动方向的设置只提供了向左或向右的选项，若需向上或向下滚动则需要直接编辑 HTML 代码。

查看标记滚动字幕的 HTML 代码，可发现其中有一标记滚动方向的“direction”参数，只要将其值设为“up”或“down”就可达到目的。

首先在“普通”编辑窗口中制作一行字幕，注意要在该字幕的属性对话框中选择“向右”的滚动方向，使该字幕的 HTML 代码中产生“direction = right”的标记。而在默认的“向左”滚动方向下将不会出现“direction =”这样的标记。

单击一下这行滚动字幕，使其处于选中状态。然后切换到“HTML”编辑窗口，可看到在 HTML 代码中有一条反相显示的代码，所标记的便是该滚动字幕。在这行代码中找到“direction = right”之处，将其中的“right”改为“up”或“down”。

再切换回“普通”编辑窗口，适当拖动该字幕的边框，将字幕宽度缩短至刚好与字幕文本等齐，将字幕高度拉大至所需要的程度。最后进行预览，便可看到字幕中的文本能够向上或向下滚动。

2. 去除表格中冗余的错位单元格

在编辑版面较复杂的网页时，最容易出错的是表格，常在某根表格线被擦除后产生错位的单元格，如图 4—4 所示的页面中含有字符 aaa 和 bbb 的单元格。这种情况通常十分棘手，想以继续删线或加线的方法来纠正则多半会越纠越乱，比较稳妥的应对方法是单击“撤销”按钮来恢复出错前的外观，但有可能丢失被撤销步骤中的一些重要编辑成果。这时，若采用编辑 HTML 代码的方法，将出错的单元格标记直接删除，将会起到事半功倍的效果。

在进入 HTML 代码编辑之前，必须先做一些准备工作：如果出错单元格内已存在重要的文本或图片等内容，应将它们复制到一临时设立的存放位置，如某个空的单元格内，待错误纠正后再移至合适的位置；如果出错单元格内本来就是空的，则应输入几个比较醒目的字符作为记号，如图 4—4 中错位单元格内的“aaa”或“bbb”就是出错后有意打上的，待进入“HTML”编辑窗口时就很容易在大量代码中找到出错之处。

将图 4—4 中的出错页面由“普通”切换至“HTML”窗口，即看到如图 4—5 所示的 HTML 代码，从中找到含有“aaa”和“bbb”的两行代码，即是发生错位的单元格的标记句。将这两行代码删除，错位单元格便消失了。对于含有“bbb”的单元格，最好也将紧邻其上下的表格行标记 <tr> 和 </tr> 一并删除，因为这一行内只有一个单元格，该单元格被删除了则其所在的表格行也没有存在的必要了。

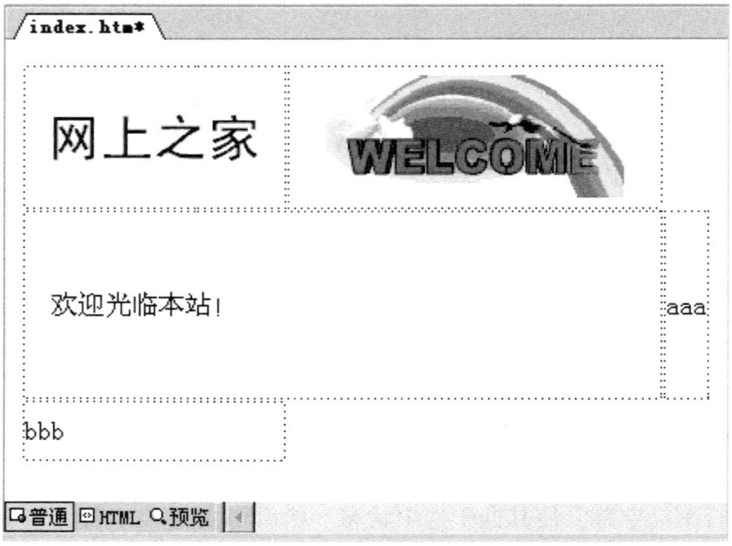

图 4—4　出错表格示例（在“普通”编辑窗口）

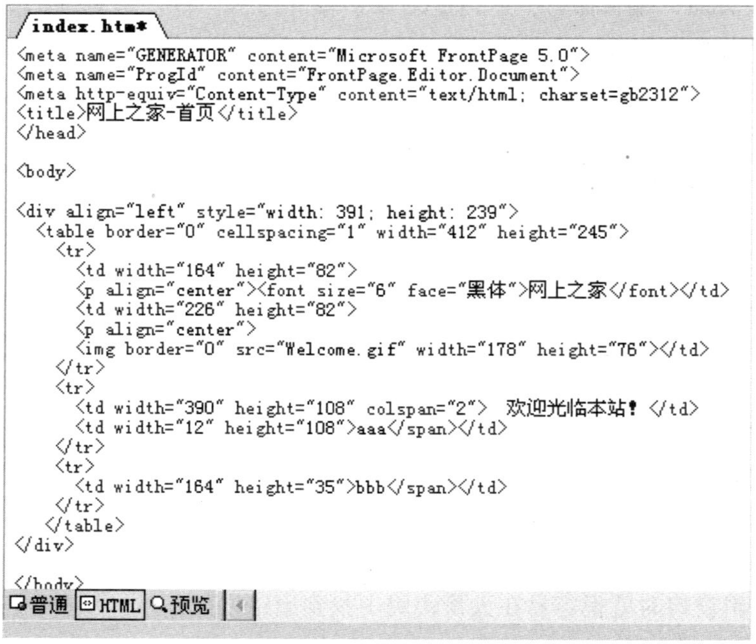

```
<meta name="GENERATOR" content="Microsoft FrontPage 5.0">
<meta name="ProgId" content="FrontPage.Editor.Document">
<meta http-equiv="Content-Type" content="text/html; charset=gb2312">
<title>网上之家-首页</title>
</head>

<body>

<div align="left" style="width: 391; height: 239">
  <table border="0" cellspacing="1" width="412" height="245">
    <tr>
      <td width="164" height="82">
      <p align="center"><font size="6" face="黑体">网上之家</font></td>
      <td width="226" height="82">
      <p align="center">
      <img border="0" src="Welcome.gif" width="178" height="76"></td>
    </tr>
    <tr>
      <td width="390" height="108" colspan="2"> 欢迎光临本站! </td>
      <td width="12" height="108">aaa</span></td>
    </tr>
    <tr>
      <td width="164" height="35">bbb</span></td>
    </tr>
  </table>
</div>

</body>
```

图 4—5　出错表格示例（在“HTML”编辑窗口）

如果含有“bbb”的这个单元格需要保留，可在其右面补上所缺失的单元格。以“所见即所得”的画线方式来补缺是做不到的，依然要用添加 HTML 代码的方法来进行。在含“bbb”这行代码的右边按回车键，该行下面便产生一个空行，然后输入 <td>和</td>便添加进了一个单元格，切换到“普通”编辑窗口或“预览”窗口中观察，该表格行已成功补齐。

3. 移动嵌套表格

为了制作复杂版面，常要运用表格嵌套(“表中表”）技术，但这种嵌套的表格有一个编辑上的难点，就是嵌于外表中的内表很难移动位置，若有关内表的许多编辑工作都完成了，却想要移动内表，就很难完成而面临重做的麻烦。如图 4—6 所示的嵌套表格，若想将中间的内表整体移到下面一格中去，在“普通”编辑窗口中进行“选定”→“剪切”→“粘贴”的操作，内外两表会“融”为一体而得不到所需结果。

图 4—6　嵌套表格示例（在“普通”编辑窗口）

切换至“HTML”编辑窗口，仔细观察如图 4—7 所示的该页代码，找到含有内表文本“aaa”“ddd”等的位置，从其向上和向下分别找到“<table>”与“</table>”的内表起止标记，再外延至其两头紧贴的起居中定位作用的“<center>”与“</center>这对代码，便可确定出内表代码区的边界。

拖动鼠标将与内表相关的代码全部选定（如图 4—7 中反相显示的区域），剪切后，到外表的下一单元格内（如图 4—7 中箭头所指处），按一次回车键开出一个空行，然后粘贴。再切换至“普通”编辑窗口或“预览”窗口中观察，可发现内表已整体移动成功。

图 4—7　嵌套表格示例（在“HTML”编辑窗口）

4-2 JavaScript脚本程序的应用

一、JavaScript 脚本程序概述

1. 脚本程序的概念和作用

HTML 代码能够详尽标记网页上的各种元素，只是这种描述型的语言不能直接进行运算和判断，无法形成具有主动操控功能的程序，单纯以 HTML 代码编制成的网页也就很难实现一些较高级的动态显示特效和交互特效。但 HTML 能够通过如 < script language ="语言名称" > 程序代码 < /script > 的标记句调用由其他语言编写的小程序，这种被调用的小程序称为脚本程序，简称脚本。每个脚本程序都负责实现一种甚至多种网页特效，同一网页又能够调用多个脚本程序，这样就在很大程度上弥补了 HTML 的缺陷，使得特效网页的编辑制作更加方便。

目前，在网页制作中应用最广泛的是用 JavaScript 语言编写而成的脚本程序。JavaScript 的程序代码可以直接嵌入 HTML 代码中，能够被浏览器解释执行。由于 JavaScript 的规则简单、易于开发，网页制作初学者很容易找到由众多脚本编程爱好者开发好并发布在网上免费提供的大量 JavaScript 脚本程序，将这些现成脚本的源代码输入或粘贴到自己的网页中可轻松实现各种特效。

2. JavaScript 脚本程序的应用方法

下面先举一个能够实现“分时问候”特效的实例。

为了使网页显得亲切，常要在首页及其他比较重要的页面上放置问候用语，但“你好！……”之类的固定问候不免显得千篇一律，能否在不同的时间显示不同的问候语呢？如在图 4—1 所示的简单网页中靠下的那个空白单元格内实现这样的特效：若在早上 7 点钟浏览这个网页时会显示“早上好！”，而到晚上 9 点钟再来浏览这个网页时又会显示“晚上好！”，即网页代码在被解释执行时能对当前时间做出判断，再选择一条适宜的文本加以显示。显然只具标记功能的纯 HTML 代码是做不到的，这就需要调用一个脚本程序。

进入图 4—2 所示的 HTML 编辑窗口，找到该页那个空白单元格的位置，即最下面的一对 <td… > 与 </td> 之间，在该处按回车键另起一行后，输入如下的 JavaScript 脚本程序。

```
<script language = "JavaScript">
<! - -
now = newDate (), hour = now. getHours ()
if (hour < 5) {document. write ("凌晨好！")}
elseif (hour < 8) {document. write ("早上好！")}
elseif (hour < 11) {document. write ("上午好！")}
elseif (hour < 14) {document. write ("中午好！")}
elseif (hour < 17) {document. write ("下午好！")}
elseif (hour < 20) {document. write ("傍晚好！")}
else {document. write ("晚上好！")}
// - - >
</script>
```

注意，以上所有字母、数字和符号均应输入半角的，并且不得随意改变处在“<! - -”与“// - - >”间代码的大小写，因为 JavaScript 的代码与 HTML 代码不同，是严格区分大小写的。程序中加有“<! --”和“// -- >”是禁止夹在其间的脚本代码本身被直接显示出来，因为有些浏览器可能解读不了这个特效程序，而将“不认识”的代码当成普通文本显示到网页上，造成出乱码的故障。

若要设置问候语字体的颜色和大小，如红色和 9 磅字，可在这段脚本程序的前面加一行 <font color = "#FF0000"　style = "font - size：9pt">，紧接脚本之后加上 </font>。

将脚本程序的代码输入完毕，切换到预览窗口，便会看到该网页下面的单元格内出现“分时问候”的特效。但在“普通”编辑窗口中观察，插入了脚本程序的网页并无特效出现，这是因为脚本程序必须在浏览时才能被执行，在编辑状态下是显示不出效果的。

其他 JavaScript 脚本程序的应用方法与上例相似，进入 HTML 代码的编辑界面（如 FrontPage XP 的“HTML”编辑窗口或 Windows“记事本”的编辑窗口），找到网页中需要显示特效的地方或脚本程序特别指定的地方，如果脚本程序来自书刊上则需手工输入其程序代码，如果脚本程序来自网上或光盘上，则复制后粘贴到网页有关位置即可，然后再到浏览状态下观察脚本程序执行后的效果。

还可根据网页的需要来修改脚本程序，如在上例的脚本程序中，可在各处的问候语中增加一些内容，像凌晨的问候语可改为“凌晨好！这么晚了还没休息，可要注意身体呀!”将显得更为亲切；分界时间也可以修改，如当地的天亮得比较晚，就可将“if（hour<5）…”中的小时数“5”改为“6”，意为如果时间不到6点钟则显示“凌晨好!”，过了6点钟才显示“早上好!”。

二、常用的网页特效脚本程序

下面介绍的脚本程序多属于代码量较少、适合于初学者初步实践的常用程序。带有下划线的内容可根据实际需要进行修改，输入时不必加下划线。在双斜线“//”后的内容是注解，输入时可以省略。

1. 加入收藏夹链接

在网页上的醒目位置放置一个提请浏览者收藏本站的链接，当被单击时会自动弹出“添加到收藏夹”的对话框。

实现方法是将以下代码加到 HTML 的 <body> </body>之间（在显示“添加到收藏夹”链接的位置）。

```
<script language="JavaScript">
function bookmarkit()
{window.external.addFavorite("http://www.abc.com","网上之家")} //本站的地址和站名
if (document.all) document.write("<a href='#'  onClick='bookmarkit()'><strong>添加到收藏夹</strong></a>")
</script>
```

2. 自动弹出新窗口

在浏览者打开本网页时，会同时打开一个新的比较小的窗口，在这个窗口中显示另外一个网页的内容（一般为广告或者紧急通知之类的信息）。

实现方法是将以下代码加到<head> </head>之间（最好紧邻于</head>之上而不破坏前面重要头信息的集中显示）。

```
<script language="JavaScript">
<! --
var gt=unescape("%3e");
var popup=null;
var over="Launch Pop-up Navigator";
popup=window.open(" ","popupnav","width=200, height=170, resizable=1, scrollbars=auto");
if (popup!=null) {
if (popup.opener==null) {
popup.opener=self;}
```

```
popup. location. href ="新窗口的网页文件名 . htm";}
//-->
</script>
```

3. 自动滚屏

适用于刊有长文的网页，打开该页时会自动向下缓缓滚屏。

实现方法是将以下代码加到 <body> </body>之间（具体位置不限，最好在“<body>”之下或“</body>”之上，以便阅读修改时容易找到）。

```
<script language ="JavaScript">
var position =0;
function scroller () {
if (position ! =700) {
position + +;
scroll (0, position);
clear Timeout (timer);
var timer = setTimeout ("scroller ()", 50); //滚屏速度
timer;}}
scroller ();
</script>
```

4. 随机显示背景图片

每次浏览该网页时背景几乎都不一样，给人一种勤于更新的感觉。

实现方法是将以下代码加到 <head> </head>之间。

```
<script language ="JavaScript">
bg = new Array (2); //图片总数 -1
bg [0] ="01. gif"//供显示的背景图片
bg [1] ="02. gif"
bg [2] ="03. gif"
index = Math. floor (Math. random () * bg. length);
document. write ("<BODY BACKGROUND =" + bg [index] +">");
</script>
```

5. 显示当前日期及星期

可放置在首页标题附近，每天都显示新的日期及星期，会令人感到这个网页始终是最新的。

实现方法是将以下代码加到 <body> </body>之间。

```
<script language = JavaScript>
today = new Date ();
function initArray () {
```

```
this. length = initArray. arguments. length
for (var i =0; i < this. length; i + + )
this [i +1] = initArray. arguments [i]}
var d = new initArray ("星期日","星期一","星期二","星期三","星期四","星期五","星期六");
document. write ("<font color = '#FF0000' style = 'font - size: 9pt; font - family: 宋体' >",
today. getYear ( ),"年",
today. getMonth ( ) +1,"月",
today. getDate ( ),"日",
d [today. getDay ( ) +1],
"</font >");
</script >
```

6. 状态栏显示闪烁文字

状态栏一般是用于显示某些系统进程信息的，但网页显示空间可谓是“寸土寸金”，完全可以将自己的信息显示到状态栏上，显示闪烁文字更是非常醒目。

实现方法是先将以下代码加到 <head> </head>之间。

```
<script language = "JavaScript" >
<! - -
var yourwords = "欢迎光临我的网站!!!";
var speed = 700;    //该值越小闪烁越快
var control = 1;
function flash ( ) {
if (control = =1) {
window. status = yourwords; control =0;}
else {window. status = ""; control =1;}
setTimeout ("flash ( )", speed);}
// - - >
</script >
```

再在 <body>中的“body”后面加入“onLoad ="flash ( )"”，即改成：<body onLoad = "flash ( )">。如果“body”后面原先还有别的代码则要予以保留。

7. 逐条循环显示多行文字

如果有多条快报类短信息需要显示，都静态地铺示未免太过呆板。应用下面这个特效可使这些信息一条一条地在一个小窗格中循环显示，既节省空间，又动感十足、引人入胜。

先在 <body>中的“body”后面加入“onLoad ="DisplayMsg ( )"”。

再将以下代码加到 <body> </body>之间。

```
<script language = "JavaScript" >
<! - -
```

```
var timerDM = null;
var msgCnt =5; //信息条数
var DisplayTime = 1000; //循环速度
var msgNum = 1;
var Timeshow = DisplayTime;
function araVob () {}
var DisplayLine = new araVob ();
DisplayLine [1] ="你好啊?";
DisplayLine [2] ="欢迎光临!";
DisplayLine [3] ="谢谢!";
DisplayLine [4] ="希望再来呀!";
DisplayLine [5] ="祝你快乐!";
var msg = DisplayLine [1];
function DisplayMsg () {
document. msgform. message. value = msg;
timerDM = set Timeout ("DisplayMsg ()", Timeshow);
ChangeMsg ();}
function ChangeMsg () {msgNum + +;
if (msgCnt < msgNum) {msgNum = 1;}
msg = DisplayLine [msgNum];}
// -- >
</script >
```

然后将以下代码置于要显示信息条的确切位置。

```
<form name ="msgform">
<input type ="text" size =30 name ="message"
style ="border:1 solid#00FFFF">
</form>
```

最后这段代码是一个用来显示信息内容的单行文本框，三处可修改参数分别是文本框的长度、边框宽度和边框颜色。该文本框要置于一个无其他元素的单元格中，以便能在网页上精确定位。

8. 渐隐渐现的图片

图像由淡淡的虚影逐渐变清晰，再逐渐变淡……周而复始，这个特效会使该图片生动而富有情趣。

实现方法是先在 <body> 中的 "body" 后面插入 "onLoad ="fade ()""。

再将以下代码加到 <body> </body> 之间。

```
<script language ="JavaScript">
var b =1;
```

```
var c = true;
function fade ( ) {
if (document. all);
if (c == true) {b + + ;}
if (b == 100) {b - - ; c = false}
if (b == 10) {b + + ; c = true;}
if (c == false) {b - - ;}
u. filters. alpha. opacity = 0 + b;
setTimeout ("fade ( )", 50);}
</script>
```

然后将下面这行加到显示图片的地方。

```
<img src = "a. gif" name = "u" style = " filter: alpha (opacity = 0)" >
```

9. 四处飘荡的图片

这是一种很流行的广告图片特效，一幅带链接的小图片在网页窗口中漫游，碰到窗口边沿后会自动反弹。

实现方法是将以下代码加到 <body> </body>之间。

```
<div id = "img" style = "position: absolute" >
<a href = "http: //www. abc. com"  target = "_ blank" >//链接地址
<img src = "a. gif"  border = "0" > </a >//图片文件名
</div >
<script language = "JavaScript" >
<! - -
var xPos = 20;
var yPos = document. body. clientHeight;
var step = 1;
var delay = 30;
var height = 0;
var Hoffset = 0;
var Woffset = 0;
var yon = 0;
var xon = 0;
var pause = true;
var interval;
img. style. top = yPos;
function changePos ( ) {
width = document. body. clientWidth;
height = document. body. clientHeight;
```

```
Hoffset = img. offsetHeight;
Woffset = img. offsetWidth;
img. style. left = xPos + document. body. scrollLeft;
img. style. top = yPos + document. body. scrollTop;
if (yon) {yPos = yPos + step;}
else {yPos = yPos - step;}
if (yPos <0) {yon =1; yPos =0;}
if (yPos > = (height - Hoffset)) {
yon =0; yPos = (height - Hoffset);}
if (xon) {xPos = xPos + step;}
else {xPos = xPos - step;}
if (xPos <0) {xon =1; xPos =0;}
if (xPos > = (width - Woffset)) {
xon =0; xPos = (width - Woffset);}}
function start () {img. visibility ="visible";
interval = setInterval ("changePos ()", delay);}
start ();
//-->
</script>
```

10. 跟随鼠标的文字

一组彩色迎宾文字围绕鼠标欢快地跳动，并且鼠标移动到哪里它们就簇拥到哪里。这套程序由两个脚本组合而成，虽然代码比较多，却是很受欢迎的一种特效。

实现方法是将以下代码加到 <body> </body>之间。

```
<script language ="Javascript">
<! --
var cx =0;
var cy =0;
var val =0;
function locate () {
cx = window. event. x; cy = window. event. y;}
document. onmousemove = locate;
function follow (i) {
var x;
if (i <3) x = cx -50 +i * 10; //i <3 即光标前允许显示 2 个字
else x = cx -25 +i * 10;
var y = cy -20 + Math. floor (Math. random () * 40);
w = eval ("word" +i);
```

```
with (w.style) {
left = x.toString () + "px"; top = y.toString () + "px";}}
function show (i) {
var w = eval ("word" + i);
with (w.style) {
visibility = "visible"; s = parseInt (fontSize);
if (s > =200) s -= 100;
else if (s >90 && s < =100) {
s -= 85; clearInterval (val);
if (i <5) val = setInterval ("show (" + (i +1) + ")", 20);}
fontSize = s;}}
function start () {
for (i =1; i < =5; i + +) {
val = setInterval ("show (1)", 20);
setInterval ("follow (" + i + ")", 100);}}
// -- >
</script>
<script language = "Javascript">
var word = new Array (5); //5 为总字数，若修改则前后相应处均须修改
word [1] = "欢"; word [2] = "迎"; word [3] = "光"; word [4] = "临"; word [5] = "!";
for (i =1; i<=5; i + +)
document.write ("< div id = 'word" + i +"' style = 'width: 12px; height: 12px; position: absolute; font - size: 500; visibility: hidden' > <font face = 'Forte' color = '#00FF00' >" + word [i] + "</font> </div >"); start ();
//这四处参数分别为字宽、字高、起始字体大小、字体颜色。该行双引号内代码要连续输入，不得分断。
</script>
```

11. 带阴影的文字

这是一个 CSS 样式特效，虽然运用 JavaScript 也能够实现，但因固定文字的显示并无复杂机理，可以采用巧妙的样式定义方法来实现这种特效，代码量也相对比用 JavaScript 要少。

实现方法是将下列代码加到需要显示阴影文字的地方。

```
<div style = "width: 350; font - size: 16pt; font - family: 黑体; color: #FF0000;
position: relative; filter: blur (add = 1, direction = 45, strength = 3)" > 阴影文字内容
</div >
//add = 阴影位移量, direction = 阴影角度, strength = 阴影深度
```

除上例外，还有用 VBScript、JScript、Java 等语言实现的特效，这些非 JavaScript 特效各

有一定的优点，但它们的兼容性或易用性目前仍显不足，占据主流的仍是与 HTML 配合最为密切的 JavaScript 所编的特效脚本。

12. 鼠标掠过时会变色的文字

这是一个 VBScript 特效，VBScript 是与 JavaScript 并驾齐驱的著名脚本语言，其由 VB 简化而来，易用性同样不错，但跨系统的兼容性不及 JavaScript。

该特效的实现方法是先将以下代码加到 <body> </body> 之间。

```
<script language="VBScript">
sub hello
document.fgColor = int (256 * 256 * 256 * rnd)
end sub
</script>
```

再将下面一行代码加到要放该文本的地方。

```
<p onMouseMove="hello ()">要显示此特效的文本</p>
```

图 4—8 所示网页综合应用了本节介绍过的四种特效脚本。

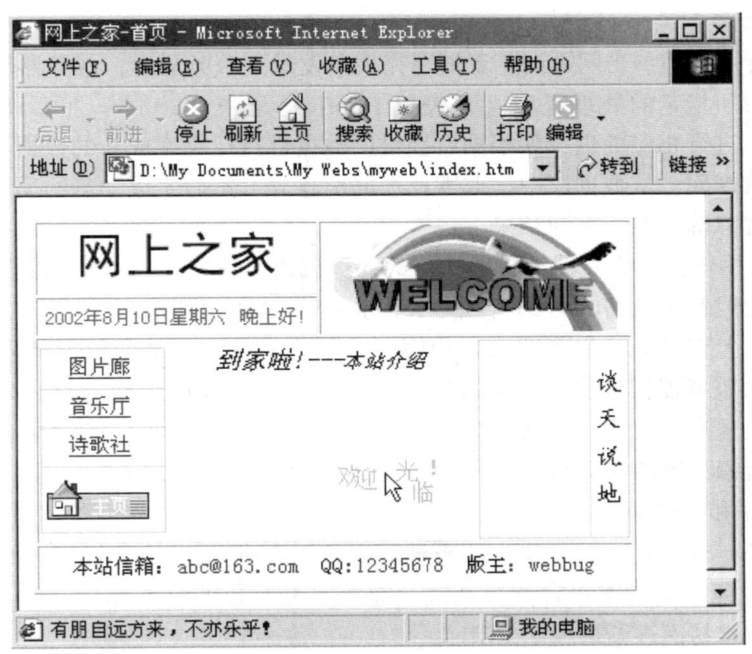

图 4—8　网页特效脚本综合应用示例

其显示了浏览时的日期和星期（特效 5）、按浏览时的时间发出问候（前节分时问候特效举例）、在状态栏上显示烘托气氛的感叹词（特效 6）和紧随光标显示跳跃着的欢迎词（特效 10）。

可见，恰当、协调地应用好多种特效脚本，有助于制作出优秀的网页。

4-3 CGI、ASP、PHP和JSP简介

一、CGI 和 ASP 概述

在“3-3 表单的应用”一节中曾经述及，表单信息的处理需要服务器端的程序配合，否则即使在网页上将表单编辑得再好也不能发挥效用。这种服务器端的程序最常见的就是 CGI 程序，或为嵌于网页中的 ASP 脚本程序。如果某 Web 服务器上装有这些程序和能使这些程序得以顺利运行的系统环境（如语言解释系统及文件操作系统），人们就说“该服务器支持 CGI 和 ASP”，也就意味着在该服务器上可以安放效用更多、交互服务更全面的网页。

1. CGI 程序及其工作原理

CGI 是 Common Gateway Interface（公用网关接口）的缩写，是一类运行在服务器端的软件包，其主要功用是为客户端的网页提供传送和处理信息的接口，使得网站访客与版主之间能够交互传递信息。网页点击计数器、留言簿、论坛或聊天室等网页中的精华，主要就建立在 CGI 程序的服务上。

CGI 的运行机制是：当网页浏览者填写完表单发送到服务器后，服务器便立刻启动发送表单信息的网页所指定的处理程序（在表单 HTML 标记中“action =”后所指向的程序），将接收到的信息进行相应处理，如根据所提供的数据进行运算生成新的数据，将运算结果或原始数据汇入数据库，从数据库中提取需反馈的信息等，然后生成动态的反馈信息网页，交由服务器发回客户端，显示反馈结果。

CGI 程序可用任何在服务器上能够执行的计算机语言来编写，如简单易学的 Perl 或 VB、语句结构较复杂但效率极高的 C 语言或 C++等。与一般的 HTML 文件不同，用户不能在编写网页的客户机上直接运行和调试 CGI 程序，必须将 CGI 程序放置到服务器上指定的文件夹中（绝大多数服务器指定在“cgi-bin”），并且获得了服务器所设定的 CGI 执行权限，才能在客户端以发送表单数据的方式激发服务器端 CGI 程序的运行，通过在线交互得到反馈结果，来检验所编程序的实际运用效果。

2. ASP 程序和 ASP 网页

ASP 即 Active Server Pages（动态服务器端页面）的缩写，是微软公司专为制作动态网页开发的一套服务器端脚本语言支持系统，能够实现 CGI 的绝大部分功能，并且由于 ASP 程序的编制比较容易而逐渐取代了 CGI。

ASP 是采用脚本语言嵌入式技术来编程的，所用的编程语言通常推荐使用标准的 VB-Script，也可采用 JavaScript 或其他能够被 ASP 系统解释程序所解读的脚本语言。注意 ASP 的脚本语言程序是在服务器端解释执行，而上一节介绍的普通网页中的脚本语言程序则是在客户机端解释执行。在服务器端执行虽有在繁忙时服务速度大为降低的缺点，但能将来自不同客户的大量数据汇集起来，易于进行大范围的服务与管理。

与必须在站点中单独保存的 CGI 程序不同，ASP 程序融于网页之中，其程序语句与

HTML 代码相互配合，一起完成信息交互的处理任务。ASP 程序与 HTML 代码一样是以逐条解释的方式执行的，速度虽然较慢但易于理解和编辑。ASP 程序及其构建的网页特别适合于处理诸如数据库查询、在线调查或网上订购等与数据库关系密切的运算统计型任务。

与文件扩展名通常为“htm”或“html”的普通网页不同，嵌有 ASP 程序的网页的文件扩展名均为“asp”。由于 ASP 技术是微软公司独自支持的，故其程序和网页只能运用于 Windows 平台上，而一些非微软系统平台（如 Linux）不能很好地支持，这是 ASP 的局限。

二、CGI 和 ASP 程序的应用

1. 自行开发或修改

如果是在自有服务器上发布站点，或者在开放 CGI、ASP 应用权限的公共服务器上申请站点存放空间，就可以自行开发适合自己使用的 CGI 或 ASP 程序。若网页设计者的编程能力不足，还可到网上搜索存放有现成 CGI 或 ASP 程序的网站，下载到所需程序后，再根据本站情况进行适当的修改。对于如何开发和修改，在网上能够很容易地搜寻到大量相关教程和范例。下面就以计数器为例来加以简要介绍。

计数器是用来统计网页访问量（被点击次数）的主要工具。在 FrontPage XP 提供的 Web 组件中含有计数器可供插入，但能够支持 FrontPage 计数器正常运作的服务器很少，因而多数网站都是通过 CGI 编程自行制作计数器。

下面是一个用 perl 语言编写的简单计数器程序，其中除首行外的“#…”处内容为程序的注释，在实际运用时注释部分可不输入。

```
#! /usr/bin/perl
#上行定义 perl 系统文件所在的路径
$ counterfile  = "counter/counter. txt";
$ imagefile {'0'}  ="counter/0. gif";
$ imagefile {'1'}  ="counter/1. gif";
$ imagefile {'2'}  ="counter/2. gif";
$ imagefile {'3'}  ="counter/3. gif";
$ imagefile {'4'}  ="counter/4. gif";
$ imagefile {'5'}  ="counter/5. gif";
$ imagefile {'6'}  ="counter/6. gif";
$ imagefile {'7'}  ="counter/7. gif";
$ imagefile {'8'}  ="counter/8. gif";
$ imagefile {'9'}  ="counter/9. gif";
#上面程序段定义计数器的数据库文件（counter. txt）和显示各位数字的图片文件
########################
$ |  =1; #程序运行初始化
@ querys  =  split (/&/, $ ENV {'QUERY _ STRING'});
foreach $ query (@ querys) {
```

```
($ name, $ value) = split (/=/, $ query);
$ FORM {$ name} = $ value;}
$ position ="$ FORM {'position'}";
#上面程序段对浏览器送来的数据进行接收和转换处理
########################
open (NUMBER,"$ counterfile");
$ number = <NUMBER>;
close (NUMBER);
$ number + +;
if ($ position = =1) {
open (NUMBER,">$ counterfile");
print NUMBER "$ number";
close (NUMBER);}
if ( ($ position >0) && ($ position < =length ($ number))) {
$ positionnumber = substr ($ number, (length ($ number) -$ position), 1);
else {
$ positionnumber ="0";}
if ($ imagefile {$ positionnumber}) {
$ imagereturn = $ imagefile {$ positionnumber};}
$ imagereturn = $ imagefile {$ positionnumber}
else {
$ imagereturn = $ imagefile {'0'};}
#上面程序段对数据库中的记录数进行累加和分位处理
########################
print "Content - type: image/gif \ n \ n";
open (IMAGE,"<$ imagereturn");
print <IMAGE>;
close (IMAGE);
#上面程序段显示记录数各位数字的图片文件
exit 0; #程序运行结束
```

程序第一行定义的 perl 系统文件路径是大多数服务器上的默认路径。若在个别服务器上并非此路径，则需查明后加以修改。

将该程序存储为一个纯文本文件，命名为“counter. cgi”，并另建一个名为“counter. txt”的纯文本文件，其内放置数字 1（计数器的初始值），再准备 0. gif，1. gif，……，9. gif 10 个小图片，分别作为数字 0 ~9 的图形。这些文件都一同放置于“counter. txt”所在文件夹中。

如果确定计数器的数字显示位数为五位，则在网页中显示该计数器的地方放置如下代码，便将从高位到低位显示出计数结果。

< imgsrc = http：//…/…/counter/counter. cgi？ position = 5 >

< imgsrc = http：//…/…/counter/counter. cgi？ position = 4 >

< imgsrc = http：//…/…/counter/counter. cgi？ position = 3 >

< imgsrc = http：//…/…/counter/counter. cgi？ position = 2 >

< imgsrc = http：//…/…/counter/counter. cgi？ position = 1 >

该代码中靠前的“…”处须输入具体的本站点域名，靠后的“…”处须输入放置计数器文件夹（counter）的绝对路径。

2. 现成资源的调用

由于 CGI 和 ASP 程序运行在服务器端，容易被黑客编入恶性代码反过来攻击服务器，或被用户不加限制地利用来滥占服务器带宽资源，故为了网络的安全和商业利益，大多数公共服务器上的 CGI 和 ASP 程序是由服务器管理者统一编制的，通常拒绝客户自行编写或修改，所以一般网页制作者只能在网页中按服务器指定的格式粘入这些已开发好的 CGI 或 ASP 程序的调用代码。

许多开放其自有服务器的网站也推出现成的计数器、留言簿、论坛或聊天室等供用户调用，有些还是免费的。一些以招揽单位站点安家为主业的地区性 ISP 网站还推出代开发服务器端应用程序的服务（特别是建立网络数据库等自行开发难度较大的项目），以及代编写适合用户实际需要的程序及其相关网页等服务。充分应用这些现成的服务器资源，能与自行开发一样收到完美的效果。

三、PHP 和 JSP 概述

PHP 最初是在 1994 年由 Rasmus Lerdorf 开始计划发展的，于 1995 年以 Personal Home Page Tools（PHP Tools）为名开始对外发布第一个版本。在早期的版本中，其提供了访客留言本、访客计数器等简单的功能。随后在新的成员加入开发队列之后，第二版的 PHP 问世，定名为 PHP/FI（Form Interpreter）。PHP/FI 加入了对 mySQL 的支持，奠定了 PHP 在动态网页开发上的影响力。1996 年底，有 15 000 个 Web 网站使用 PHP/FI；1997 年，使用 PHP/FI 的网站超过了 50 000 个。同年，开发小组为 PHP 加入了 Zeev Suraski 及 Andi Gutmans，并定名为 PHP3。目前，其版本仍在不断地更新中。

PHP 具有强大的数据库功能，其特点是内置了对很多数据库的支持，而不再需要重新扩充。对各种不同的数据库，PHP 规定了不同的访问函数，使编程人员可以方便地调用。

JSP（Java Server Pages）是一种基于 Java 的脚本技术。其主要用于编写网页动态页面，是由 HTML 语句和嵌套在其中的 Java 代码组成的一个普通的文本文件，其扩展名为 . jsp。

JSP 与 HTML 编写方式如出一辙，只是里面可以嵌套其他代码，页面能够更方便地与后台交互。JSP 的优点是可移植性好，支持多种平台，具有强大的可伸缩性，具有多样化和强大的工具支持；不足之处是安装配置管理较为复杂，运行速度较慢，适宜用于开发大型应用系统。

1. PHP 的工作原理

PHP 的所有应用程序都是通过 Web 服务器（如 IIS 或 Apache）和 PHP 引擎程序解释执

行完成的，工作过程如下。

（1）当用户在浏览器地址中输入要访问的 PHP 页面文件名并按回车键后，就会触发这个 PHP 请求，并将请求传送给支持 PHP 的 Web 服务器。

（2）Web 服务器接收这个请求，并根据其后缀进行判断。如果是一个 PHP 请求，Web 服务器便从硬盘或内存中取出用户要访问的 PHP 应用程序，并将其发送给 PHP 引擎程序。

（3）PHP 引擎程序对 Web 服务器传送过来的文件从头到尾进行扫描，然后根据命令从后台读取并处理数据，动态地生成相应的 HTML 页面。

（4）PHP 引擎程序将生成的 HTML 页面返回给 Web 服务器。Web 服务器再将 HTML 页面返回给客户端浏览器。

2．JSP 运行机制

JSP 生命周期包括页面翻译、页面编译、类装载、实例化、页面初始化、页面服务、页面销毁等阶段。

Web 容器第一次接收到某个 JSP 页面的请求后，会自动将该 JSP 页面翻译成 Servlet 代码。

JSP 中嵌入 Java 代码的格式如下。

<%！ 声明 %>

<% 代码 %>

<%＝ 脚本表达式 %>

应用实例如图 4－9 所示。

```
<%@ page language="java" contentType="text/html; charset=UTF-8" pageEncoding="UTF-8"%>
<html>
<head>
</head>
<body>

    <%! int n = 0; //声明一个变量n,值为0  %>
    <% n += 10; //将变量n+10   %>
    <label><%= n %></label> <!-- 将n的值放到Label标签中，该标签显示结果将会是 10 -->

</body>
</html>
```

图 4—9 JSP 中嵌入 Java 代码

四、PHP、ASP 和 JSP 发展前景

在国内，目前 PHP 与 ASP 应用最为广泛，而 JSP 由于是一种较新的技术，采用的较少。但在国外，JSP 已经是比较流行的一种技术，尤其是电子商务类的网站，多采用 JSP。由于 PHP 缺乏规模支持和多层结构支持等，使得它不适合应用于大型电子商务站点，而更适合应用于一些小型的商业站点。对于大负荷站点，只能采用分布计算，将数据库、应用逻辑层、表示逻辑层彼此分开，而且同层也可以根据流量分开，组成二维数组。而 PHP 则缺乏这种支持，而且 PHP 提供的数据库接口支持不统一，这就使得它不适合运用在电子商务

中。

ASP 和 JSP 则没有以上缺陷，ASP 可以通过 Microsoft Windows 的 COM/DCOM 获得 ActiveX 规模支持，通过 DCOM 和 Transcation Server 获得结构支持；JSP 可以通过 SUN Java 的 Java Class 和 EJB 获得规模支持，通过 EJB/CORBA 以及众多厂商的 Application Server 获得结构支持。但是 ASP 从某种角度来说只能在微软的 Windows + IIS 的服务平台上良好运行。所以平台的局限性和 ASP 自身的安全性限制了其应用。

由于 PHP、ASP 的局限性，JSP 作为一个新技术，必然会是未来发展的一个趋势。

习　题

1. 什么是 HTML？该语言有何特点？

2. 在 FrontPage XP "普通" 编辑窗口中的 "所见即所得" 编辑方式与 "HTML" 窗口中的直接编辑代码方式相比，各有哪些优缺点？

3. 在 FrontPage XP 编辑器中应怎样修改网页的 HTML 代码？如果没有安装专用编辑器应怎样修改网页的 HTML 代码？

4. 逐句解读下面一段 HTML 代码的含义，描述其所标记的网页元素。

```
<table border="0" bgcolor="#0000FF" width="180">
  <tr>
    <td width="95" height="100">
    <p align="center" style="line-height: 150%">
    <font color="#FF0000" size="4">你好！ <br>
   欢迎光临！ </font> </td>
    <td width="75" height="100"> </td>
  </tr>
</table>
```

5. 要在网页中的某个空白单元格内插入一段 HTML 代码，怎样在 "HTML" 编辑窗口中快速找到这个单元格？

6. 怎样制作具有上下来回滚动效果的字幕？

7. 某网页中有一个嵌套表格，其内表周边紧贴着外表，现要在内外表之间插入一个空行以便输入文本，应如何操作？

8. 什么是 "脚本"？网页中为什么要使用脚本程序？

9. JavaScript 语言及其编写的脚本程序有哪些优点？

10. 怎样将网页特效脚本程序加入 HTML 代码中？在输入脚本代码中的字符时应特别注意什么？

11. 在应用本节介绍的特效 10 时，若要显示 "网内存知己天涯若比邻" 10 个蓝色的字，且在鼠标左右各显示 5 个字，应对该脚本程序做怎样的修改？

12. 什么是 CGI？CGI 程序有何特点？

13. 什么是 ASP？ASP 与 CGI 相比有哪些不同？

14. 有两个扩展名分别为“htm”和“asp”的网页文件，其中都嵌有脚本程序，它们有哪些区别？

15. 要在自己开发的站点中应用 CGI 和 ASP，有哪两种方式？各适用哪种情形？

第 5 章　站点的发布和维护

当站点中所有的网页都编辑制作完毕，便进入了最后的发布阶段。这一阶段的主要工作包括确定安放站点的服务器、注册站点的域名和上传站点中的网页，可以说是非常关键的一个阶段。要使自己的开发成果能够最终圆满成功，必须掌握有关发布的知识和技巧。

5-1　站点的安家

一、选择站点安放方案

在网页的编辑制作阶段，众网页的汇集之处——站点就已在制作者的计算机上安营扎寨了，但这只能算是阶段性的暂住，因为还没有搬上因特网，能够随时欣赏本站点网页的人仅有制作者等少数。

站点的真正安家，是把它送到因特网上的 Web 服务器（又称为主机）中去。这种服务器远非一般办公或家用的计算机可比，其信息处理速度极快，常多 CPU 并行处理；信息传输频带很宽，一般连接在高带宽的主干网上，而普通客户机却多连在带宽较低的终端线路上；信息存储容量特别大，多采用大规模磁盘阵列技术及万转级的高可靠性 SCSI 硬盘；并且几乎日夜不停地保持在线连接。所以，网页站点的家必须最终安放在这种服务器上。

目前可供选择的站点安放方案有以下几种。

1. 专线入网方案

专线入网也就是自行购买服务器，并自行铺线连入因特网的主干网。因全部使用自有设备，站点的发布和更新维护最容易，但其经济代价也相当高。采用这一方案的基本上都是一些政府重要部门或大型公司，特别是本身做网络服务（如电子商务）的站点必须使用此方案才能赢得较佳性能，因为可以自铺光缆级的高速宽带联网专线而不受制于人。

由于铺线须牵涉市政施工而难度颇大，这个方案的一个变通做法是将自行铺线改为向管理网络干线的部门租用线路，可明显降低初期投资成本，但后期的维护费用很高。

2. 主机托管方案

主机托管即自购服务器，但将服务器搬到ISP的机房中运行，平日托付给ISP照看维护并交纳一定费用。ISP是Internet service provider（因特网服务商）的缩写，在国内ISP主要是电信部门，ISP的机房就位于因特网主干线上，因而在接入方面有着很大优势。

这一方案比前一方案节省，因为自建线路或租用线路的代价均远比购置一套服务器要高得多，将服务器交给ISP托管不失为一个折中兼顾的方案，故多数大中型公司和较大的政府部门都愿意采用这种方案。

3. 主机租用方案

主机租用方案即将ISP的一套完整的服务器租下来，服务器仍在ISP机房中，只是获得其独家使用权。这比上一方案又节省一些费用，并且完全不用操心机器的硬件维护，如有自然损坏也应由硬件的主人ISP自行更换。但因不具有主机的所有权，也就无法随意改变配置。采用这一方案的仍以较大的企事业单位为主，因为只有大型网站才值得独自包用一台服务器。

4. 虚拟主机租用方案

所谓“虚拟主机”，实际上就是服务器硬盘中的一个子目录而已，许多ISP将自己的一台大型服务器的存储空间划分为许多小块来出租，每块空间存放一个客户的站点，各有各的地址且相互隔离。从浏览者的角度来看，这跟将站点放在单独的服务器（主机）中是一样的，故称之为虚拟主机。在一台服务器上可建立许多个虚拟主机而互不影响，大大提高了设备利用率。

二、注册域名

无论采用何种站点安置方案，都必须给站点注册一个域名作为地址，才能在因特网上供人浏览。

1. 域名的构成和类型

一个域名是由若干分级域名（或简称为域）以点号分隔构成的。例如，“搜狐”的域名为www. sohu. com，“新浪”的域名为www. sina. com. cn。域名中最右边的分级域名称为顶级域名，右数第二个分级域名称为二级域名，依此类推。

凡顶级域名是行业类型代码的域名称为国际域名，常见的行业类型代码有代表普通工商业的com、代表网络相关行业的net、代表教育部门的edu、代表政府机构的gov、代表非营利组织的org等。顶级域名是中国国家代码cn的域名称为国内域名。

国际域名由位于美国的国际域名注册管理组织（ICANN）进行总体管理，国内域名由中国互联网络信息中心（CNNIC）负责管理。这两种域名的实际使用效果是一样的，只是后者的注册和管理要较前者严格一些，并且能受到更多的国内法律保护。

网站所使用的独立域名（如sohu. com、sina. com. cn等），要在ICANN或CNNIC等域名管理机构正式注册，并按年缴纳域名管理费才能使用。独立域名享有域名解析专用服务器提供的无间断全球解析服务。所谓“解析”，就是将域名转换为网络系统所能直接识别的 IP 地址。浏览者在输入域名或单击一个域名链接后，其域名信息将首先传到域名解析服务器，与存储在这里的域名登记信息查对，找到该域名对应的 IP 地址，再由 IP 地址进入相关的 Web 服务器，打开相应站点的主页。

对于子网站的地址，域名所有者可进一步分配下一级域名，常见形式是将主站域名中的“www”前缀换为其他字符串，如 abc. 163. net 或 cn. club. vmall. com 等；也可直接在独立域名后面添加形如“/…”的标记，如 www. 163. net/abc。这样的地址实际上是独立域名的拥有者自行设置的，不是在法定管理机构注册得到，而是由该独立域名拥有者派发，故必须依附于独立域名的存在。

2. 域名的选取

首先是类型选择，要根据站点的性质来决定。如具有跨国影响的大企业宜选择注册国际域名，政府部门和普通企业理应注册国内域名，而个人站点若已创出很大知名度就值得花大成本注册一个独立域名，否则还是利用其依附的大网站所提供的地址为好。

更重要的是取名工作，就像给新生儿取名一样必须慎重，一旦注册使用，再要更改便会有诸多不便，对单位而言还可能带来不必要的损失。域名实际上就是建站单位或个人在因特网上的名片，最好根据单位名称、商标、特色产品、已深入人心的宣传口号、站点的主要内容等来取名，这样的域名容易记忆，容易查找，也能很好地反映域名主人的形象。

例如，著名门户网站“搜狐”的域名“www. sohu. com”是取自网站名称的读音，极易记住；中央电视台的“www. cctv. com”则取自该台的英文缩写；电器厂商“格兰仕集团”根据自己注册商标中的文字，将域名起为“www. galanz. com. cn”。

取域名时要注意，一般域名中的字符限定为英文字母（不分大小写）、阿拉伯数字和连字符（减号），每级域名的长度不能超过 20 个字符。目前服务商也提供中文域名服务，但应用还不广泛。

在开始注册前，应多准备几个域名方案。因域名具有全球唯一的特性，不允许重复注册，如果某个富有创意的域名已被他人先行一步抢注，则只好换个名称重新注册。

3. 域名的注册

我国的网站注册域名通常选用 . com、. net、. org 等通用顶级域名，或 . com. cn、. net. cn、. org. cn 等中国国家域名，也有少量网站从突出个性等角度考虑，选择 . tv、. fm、. cc 等其他国际域名。

通用顶级域名由国际域名管理组织（ICANN）管理，中国国家域名由中国互联网络信息中心（CNNIC）管理。两个管理机构的网站页面如图 5—1 所示。

域名一般需要通过购买获得。依据我国于 2017 年 11 月 1 日起施行的《互联网域名管理办法》，我国的域名注册服务由获得电信管理机构许可的域名注册服务机构提供。常用的域名注册服务机构包括万网、新网、三五互联等。

通常域名可以在网上直接申请注册。下面以在西部数码网站（https：//www. west. cn）选择并购买域名的过程为例进行简要说明。

a）

b）

图 5—1　域名管理机构

a）ICANN 网站　b）CNNIC 网站

（1）登录西部数码网站，如图 5—2 所示。

（2）找到如图 5—3 所示域名检索区域，查询想要注册的域名，只需输入域名主体的关键词，并勾选有意向的后缀即可。不同的顶级域名价格差别较大，一些热门的关键词也有已被人抢先注册的可能，因此在后缀的选择上可以放宽要求，适当多选几种以备挑选。

图 5—2　西部数码网站

图 5—3　查询域名

(3) 查询结果页面如图 5—4 所示。由查询结果可见，冷门的国际域名（如 . top、. xyz 等）价格较低，. com、. net 等通用顶级域名则价格相对较高，可根据网站的定位和实际需要进行选择。

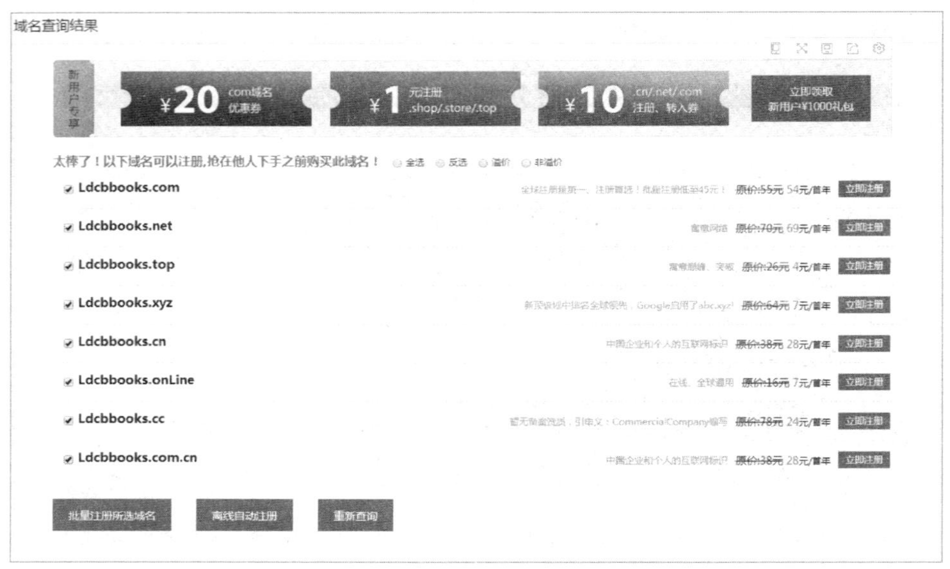

图 5—4　查询结果页面

（4）选定域名后，单击“立即注册”按钮，登录网站，按照注册向导的提示填写域名注册的相关信息，并完成付款等后续流程，即可完成域名的注册。为了保护网站利益，避免竞争对手注册近似的域名仿冒自己，一些网站往往会将不同的顶级域名一并注册，或同时用拼写近似的关键词进行注册。

5-2　网页的上传

找到站点的安家地点并注册好域名后，就可以将在自己计算机上已建好的整个站点的文件复制到 Web 服务器上，这个向服务器复制文件的过程称为上传（又称上载）。上传网页文件是发布站点的最终阶段，也是最关键的一步操作。

一、用 FrontPage XP 发布站点的功能上传

FrontPage XP 软件自带发布站点的上传功能，但用这种编辑器直接上传有一个前提，就是要传往的 Web 服务器上需装有一种称为“FrontPage 服务器扩展”的软件，否则会因客户端与服务器端之间的兼容性问题使得上传操作不能进行。故要采用这一上传方式须事先查明服务器端的软件支持情况。

一般在中小型网络系统（如企业网或校园网等内部互联网）的 Web 服务器上大多采用的是微软的 Windows 平台，会安装同是微软开发的有关扩展软件而支持 FrontPage 发布功能。

而目前全国性大型网络系统的 Web 服务器普遍采用的是安全性与自主性更强的 UNIX/Linux 系统平台及其站点管理软件，也就不便于跨平台安装 FrontPage 服务器扩展软件，这种情况下就应运用后面介绍的 FTP 上传工具来实现上传。

FrontPage XP 发布站点的基本操作步骤如下。

首先在 FrontPage XP 中打开已建好的站点，单击“文件”→“发布站点”，如果该站点从来没有发布过，便同时弹出一上一下的两个对话框，上面的是“发布目标”对话框，如图 5—5 所示；下面的是“发布站点”对话框，如图 5—6 所示。如果该站点已发布过，则只弹出“发布站点”对话框。

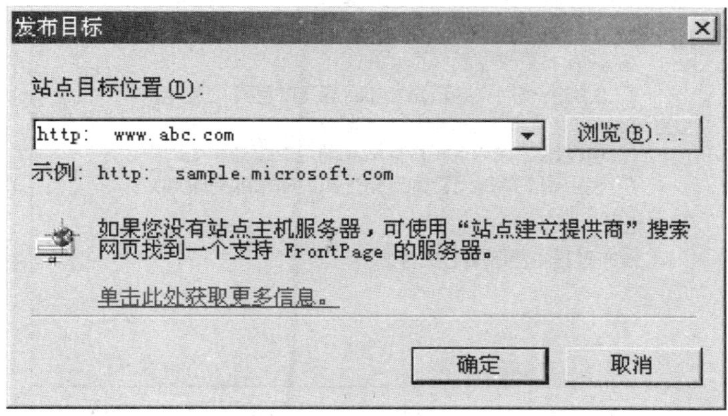

图 5—5　“发布目标”对话框

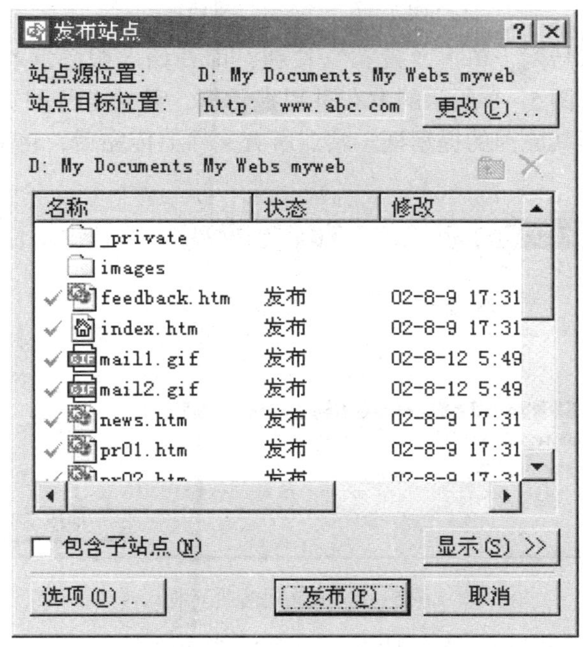

图 5—6　“发布站点”对话框

在“发布目标”对话框中输入已注册好的站点的域名或其所在的 IP 地址后，单击“确定”按钮，该对话框即关闭，被其遮盖的“发布站点”对话框随即露出。在该对话框中单击“更改”按钮，会重新出现“发布目标”对话框。

在“发布站点”对话框中单击“选项”按钮，将出现如图 5—7 所示的“选项”对话框，可根据需要来设置有关的发布参数。

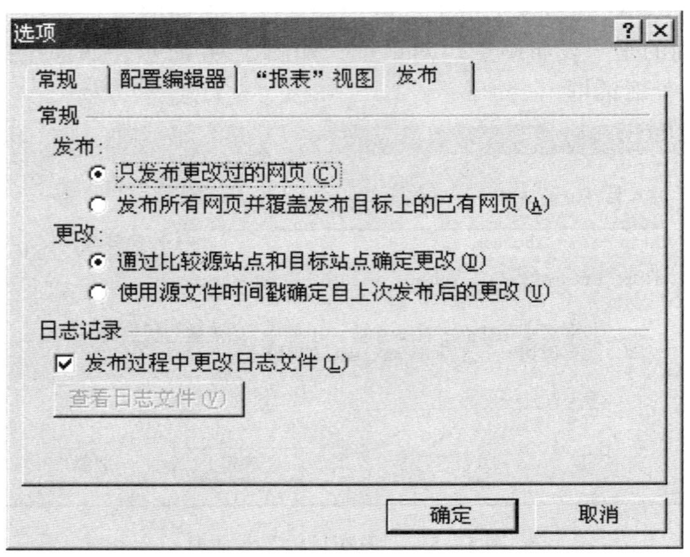

图 5—7 “选项”对话框

准备好后，连接因特网，单击“发布”按钮，即开始向服务器端试登录。如果双方软件配合无误，则出现如图 5—8 所示的发布进程提示框，开始上传网页文件。如果对方软件不支持，则会出现说明其原因的提示框。站点所有文件上传完后，将显示“成功发布站点”的提示框。

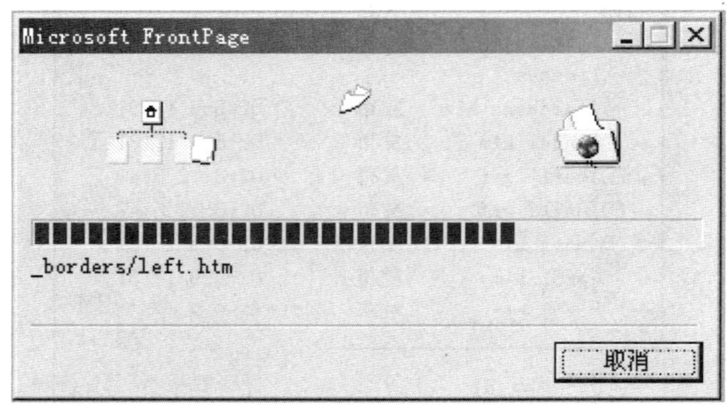

图 5—8 发布进程提示框

若想查看发布后服务器端的文件情况，可再次调出“发布站点”对话框，单击其右下方的“显示”按钮，便可显示服务器端文件的窗格，如图 5—9 所示。在连接因特网的状态

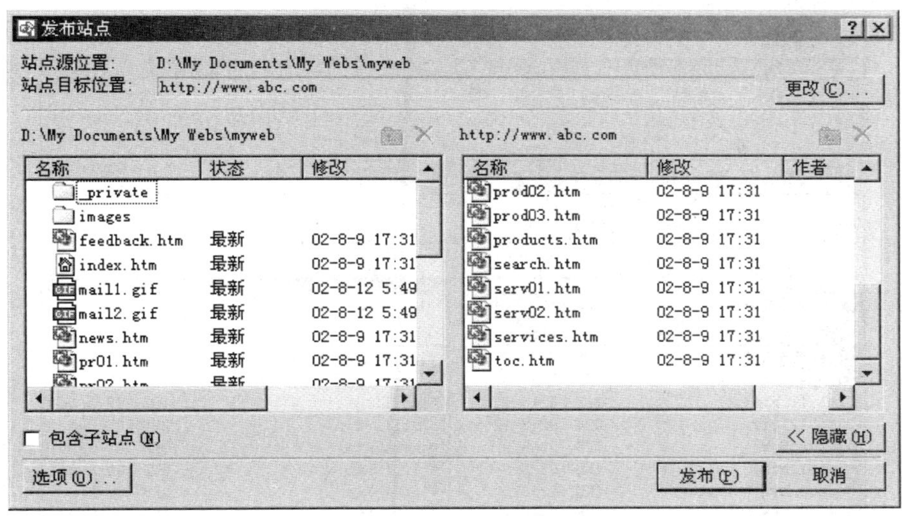

图 5—9　“发布站点”对话框（本机端与服务器端同显模式）

下便可显示出已发布到服务器上的站点文件列表，可与左边窗格中所显示的本机上的站点文件进行核对，若发现遗漏可进行重发等操作。

二、用专用的 FTP 上传工具上传

如果服务器端不支持 FrontPage XP 的直接发布功能，则应使用专用的 FTP 上传工具来完成这项工作。FTP 是“文件传输协议”的英文缩写，这是一个跨平台的网络文件传输规范，各种服务器都能兼容。

FTP 上传工具的种类很多，下面就以“Cute FTP 5.0 XP 简体中文版”为例介绍其操作方法，其界面如图 5—10 所示。

在该软件的窗口中，从上至下依次是标题栏、菜单栏、工具栏、快速工具栏、日志窗口、本地窗口（位于左侧，显示位于本机上站点的文件列表）、远程窗口（位于右侧，显示传到服务器上站点的文件列表）、队列窗口和状态栏。

运行 Cute FTP 软件后，若无已设置好的上传项目，会自动弹出如图 5—11 所示的“站点设置”对话框。依次在右侧各框中输入下列信息。

（1）站点标签。可随便起，一般填用户名或站点标题。

（2）FTP 主机地址。FTP 主机地址即所要传至服务器的地址，填域名或 IP 地址均可。该处的 FTP 所用域名有可能与本站点注册的 HTTP 域名不相一致，应以 ISP 的约定为准。

（3）FTP 站点用户名称。FTP 站点用户名称通常就是本站点域名中自行取名的那级域名，但也有另外约定的用户名。

（4）FTP 站点密码。FTP 站点密码可自定义，为防止轻易被破解不要过于简单。切记网站安全的重要性远高于邮箱或聊天账号之类。

（5）FTP 站点连接端口。FTP 站点连接端口一般用默认的 21 号端口，ISP 有特别指定的除外。

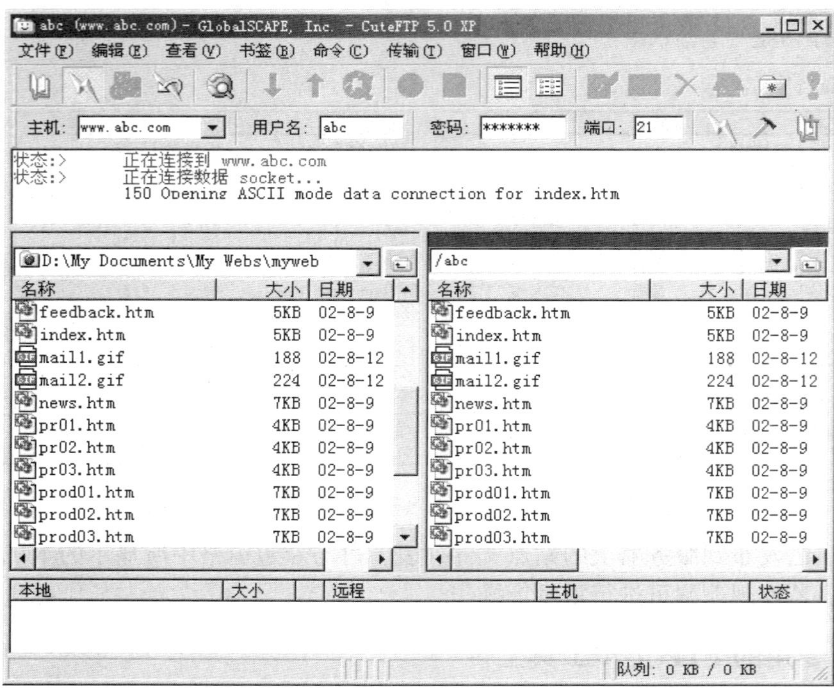

图 5—10 Cute FTP 的窗口界面

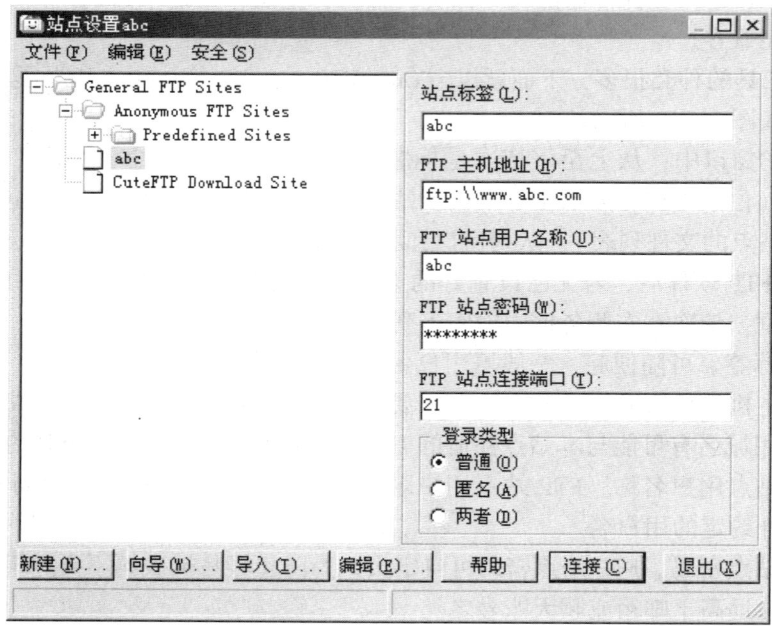

图 5—11 “站点设置”对话框

然后单击“站点设置”对话框下边的“编辑”按钮，出现如图 5—12 所示的“设置”对话框。在“默认远程目录”框中输入服务器端站点的所在目录，通常是斜杠加用户名，若有 ISP 预先指定的目录就填预定目录。在“默认本地目录”框中输入本机上所要发布站点的存放目录，可单击该框右边画有文件夹图形的按钮经由浏览寻找。其他设置可保持默认值不变，单击“确定”按钮返回上一对话框。

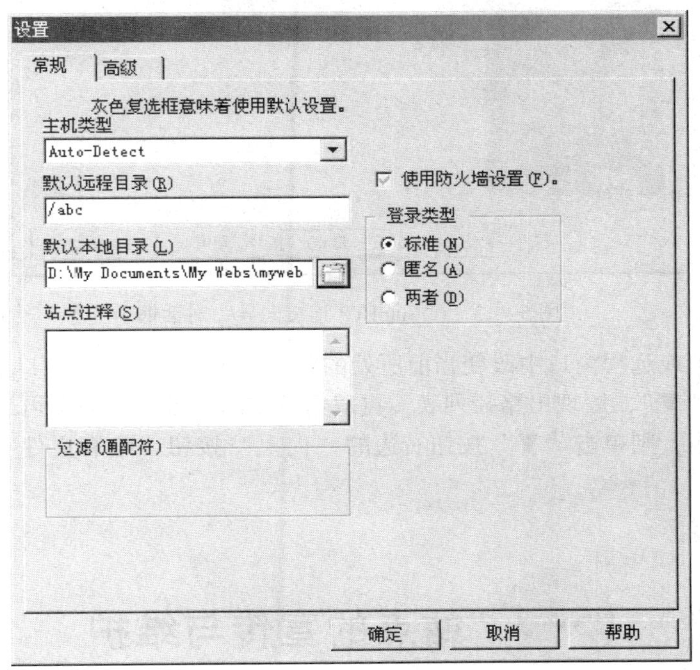

图 5—12　“设置”对话框

如果对要设置的项目不太明了，还可单击“站点设置”对话框左下方的“向导”按钮，会出现如图 5—13 所示的“CuteFTP 连接向导”对话框，该连接向导是每步只设置一个项目，且每项设置都出现一个列有详尽说明和示例的对话框，每填完一项后单击一次“下一步”按钮，直至填完最后一项后单击“完成”按钮即可。

这时所有的设置都已保存，下次再上传同一个站点时就不必重复设置，只需在“站点设置”对话框左边的列表窗口中选定该站点名，单击右下方的“连接”按钮即可进入上传操作。

在开始上传前，应先连通因特网，再单击 Cute FTP 的“连接”按钮，便开始上传文件的进程，在日志窗口会滚动显示出各步进程的进行情况。与服务器连接成功后，先在本地窗口中选定要上传的文件，再拖至远程窗口中，被选中的文件即进行上传，远程窗口的列表中将不断显示出已上传文件的列表。传送完毕后，应对照一下本地与远程窗口中所显示的文件列表是否一致，以判定各文件是否都上传成功。

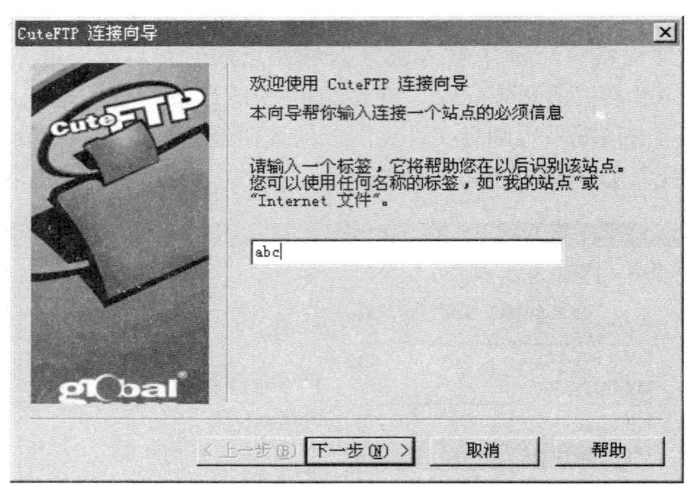

图 5—13　“CuteFTP 连接向导”对话框

如果要在本地或远程窗口中改变当前所处的位置，可单击这两个窗口上沿的路径列表框右边的下拉按钮“▼”，展现出路径列表，再双击其中的某级文件夹即可进入该文件夹。若是进入上一级目录，则单击“▼”按钮右边的“向上”按钮（绘有文件夹图形和向上弯箭头者）。

5-3 站点的宣传与维护

一、站点的宣传

一个刚设计制造出的新产品，其功能或质量再好，如果缺乏必要的宣传，也会陷入“养在深闺无人识”的窘境。同样，站点发布后的紧迫任务，就是运用各种手段进行宣传，尽可能地让网民们知道本站点，吸引他们尽快来浏览。常用的宣传手段有以下几种。

1. 让网站更容易被搜索到

要想让网站和搜索引擎相处融洽，并让用户尽可能准确地获得所需信息，在设计页面时掌握一些与搜索引擎有关的基本技巧是非常必要的。不论是通过商业软件建立的网站内部的搜索引擎还是一些公共的搜索引擎（如百度等，见图 5—14），其实它们的基本规则都是一样的。

在设计网站时要进行搜索引擎优化。搜索引擎优化是针对搜索引擎对网页的检索特点，让网站建设各项基本要素适合搜索引擎的检索原则，从而使搜索引擎收录尽可能多的网页，并在搜索引擎自然检索结果中排名靠前，最终达到信息被高效检索到的目的。对于网站来说，要想在网站推广中取得成功，搜索引擎优化是最为关键的一项任务。同时，由于搜索引

https://www.baidu.co...
百度一下，你就知道
新闻
hao123
地图
视频
贴吧
学术
登录
设置
更多产品
Bai du 百度
百度一下
百度

a）

https://www.so.com/
360搜索，SO靠谱
360导航
资讯
视频
图片
良医
地图
百科
英文
更多
北京：多云 33°C 轻度 117
设置
换肤
提醒
360搜索
搜索
360浏览器客户端官网
意见反馈
违法举报
使用帮助
使用协议
隐私条款
免责声明
站长平台
推广合作
360搜索联盟
©2018 360.CN 奇虎360旗下搜索服务 京ICP备08010314号-19 京公网安备11000002000022号

b）

c）

d）

图 5—14　国内常用的搜索引擎

a）百度搜索　b）360 搜索　c）必应搜索　d）搜狗搜索

擎会不断变换它们的排名算法规则，每次算法上的改变都有可能让一些排名很好的网站在一夜之间名落孙山，而失去排名的直接后果就是失去了网站固有的可观访问量，所以每次搜索引擎算法的改变，都会在网站之中引起不小的骚动和焦虑。

想要提高网站在搜索引擎上的排名，首先要提高用户体验。一个网站吸引用户的主要方面是提高用户使用的满意度和舒适度，如果用户在使用后，觉得网站信息丰富、可信度高、有意义，那么搜索引擎自然会根据用户的反馈为网站加分。所以，网站设计时就需要多注意这些细节。当网上的用户包括一些大的企业搜索到你的网站后，网站反应速度的快慢或者如何让用户在短时间内找到要找的内容，是影响体验感好坏的主要原因。用户体验好才是做网站的根本，对用户体验，可以从不同的方面考虑，考虑越全面，用户的满意度越高。

在设计时，还应注意关键词的选择和所在的位置。当有目的地想要做一个网站时，就要根据目的来分析想要找的关键词，再根据关键词在网络中的热度进行标题的设置和布局。

图 5—15 所示为中国联通官方网站北京市分公司的页面，由图可见，该公司将自身的主要业务作为关键词放在了网页标题中，如“北京联通 4g 套餐资费介绍”“北京联通宽带”“北京联通合约手机”“中国联通网上营业厅”等，这样，用户在搜索相关关键词时，就更容易直接找到该网站，如图 5—16 所示。

图 5—15　中国联通官方网站北京市分公司的页面

a）

b）

图 5—16　搜索结果

a）百度搜索结果　b）搜狗搜索结果

除此之外，还可以借助经济手段，通过搜索引擎提供的广告位、竞价排名等服务提高网页的搜索排名。

2. 交换友情链接

友情链接就是在其他网站的某页面上设置指向自己网站的链接，这一般是要交换进行的，也就是互相设置对方的链接。如果能在一个已经比较知名的网站上设置友情链接，将会有效地提高本站的点击率和知名度。

友情链接以设置在首页上的链接价值最高，因此要尽量找能提供首页链接的网站进行交换。友情链接最好能做在图片上，且以gif小动画为佳，这比单纯的文字链接更能引起浏览者的注意。如果能在友情链接旁加上一段文字推荐那就更好了。

3. 传统的广告宣传

包括在其他媒体上刊载介绍自己网站的文章或直接做广告，前者的实际效果最佳。如果所建网站的页面内容或外观结构很有特色，可尝试撰写（最好以第三方的口吻来写）介绍文章到IT类报刊或向设有IT栏目的普通报刊投稿，一旦刊出则比登录上著名的搜索引擎还要有成效。

此外，将网站地址印在单位宣传资料或个人名片上广为散发，向有联系的各单位和亲朋好友以书面或口头形式多方介绍本网站，注意参加各种相关的评奖活动等，都可起到一定的宣传推广作用。

二、站点的维护

作为站点的主人，在注重做好宣传工作的同时，也不可忽视发布后的日常维护工作。进入服务器的在线网页是十分脆弱的，与在发布前的原机上相比，较易出错和受到攻击，须进行必要的监测和处理，并且要经常对陈旧的内容进行更新，对于上传的新网页还须测试排错，这都是站点维护工作的主要任务。

1. 网页的测试

网页上传到服务器后，还要进行一番检测和调试，发现出错的地方须及时修改并重新上传。

网页测试有以下三大基本要求：一是从首页开始逐页进行，所有的链接都要单击到，各页均要不漏一字一图地通篇浏览，以便及早发现所有错误；二是要在多台计算机上、多种屏幕分辨率下、多种操作系统及多种浏览器上进行浏览，以期发现在单一环境中不易暴露的错误；三是注重找到错误原因，善于总结经验教训，以期在今后的网页编辑制作与修改更新中避免发生类似的错误。

对于文字错漏、图片有误等比较简单的错误，在编辑网页的原机上就能发现并处理。另有一些错误现象，在原机上浏览时无法发现，而到服务器上以在线状态浏览时就表现出来，这是网页在线测试的主要目标。较常见的这类错误有以下几项。

（1）图片缺位。图片缺位即插有图片的某处只显示出一个称为“占位符”的小块，却没有图片出现。其原因大多是图片文件名大小写不统一，如所插入图片在硬盘上的文件名是“A. GIF”，而在网页的HTML代码中却是“a. gif”，原机上的Windows系统对字母大小写是不加区分的，而服务器上所用的操作系统却是严格区分大小写的。另一个原因就是在HTML代码中的图片使用了绝对路径，如图片文件名前冠有“c：\”“d：\ abc \”之类的路径标记，在原机上存在这样的路径，而在服务器上却并不存在。

（2）链接不通。链接不通即在线单击网页上的某个链接，出现“无法找到网页”或“找不到服务器”的错误。这也可能是因为被链接的网页文件名大小写不统一或者是起了中文文件名所造成的，如果不改变有关文件名则这种错误就会一直存在。另一个原因可能是服务器端出现故障，被链接的网页当时恰好不能被打开，这种情形下的错误只是暂时性的，过一段时间再测试便会恢复正常。

（3）版面走样。版面走样即同一个网页在多台计算机上浏览，效果会不一样，特别是文字和表格的尺寸出现明显偏差。这一般是由于各台计算机的显示器分辨率设得不一致，或者是浏览器上设置的“文字大小”（其标准设置为“中”）不一致造成的。发生这类错误的主要原因在于浏览者方面，作为编辑者可尽量使网页中的表格都居中对齐，并且运用样式功能来锁定显示时的字体大小，可最大限度地避免或减小这种因设置不一造成的影响。

还有一种较为罕见的错误情形，就是在浏览器地址栏输入本站域名或在网页上单击指向该域名的链接，却进不到本站的首页，得到的是“无法找到网页”的提示，反复查看所输入的域名、所单击的链接设置以及整篇首页的代码，均正确无误。这种错误情形的原因是在存放该站点的服务器的设置上，绝大多数 Web 服务器的管理系统均将“index. htm”作为默认的首页文件名，但也有极少数设置的是“index. html”，甚至是其他差异更大的文件名。所以在申请到站点存放空间后，应向 ISP 查询其 Web 服务器的默认首页文件名，并以此作为首页的文件名以避免出错。

2. 网页安全的维护

放置在 Web 服务器上的网页，其安全程度要比在原机上低，主要威胁来自以涂改网页为害的黑客攻击、使站点页面的转换速度大减的病毒干扰和常造成网页乱码或丢失的服务器故障等几个方面。

网页安全以防范为主，在 Web 服务器上要安装能随时受开发商支持并能不断升级的正版防火墙软件，上传登录用的密码要采用不易破译的多位多类字符组合。例如，“Ns3；& - t70aE′#o!”中有大写字母、小写字母、数字、标点符号和特殊符号等不同类型的字符。密码应经常更换，并保持对自己站点的不断监测，对服务器上本站点的所有文件都要做“镜像备份”（目录结构一模一样的备份），以备及时恢复。

发现本站点的异常情况，如网页被涂改、某页丢失或不能进入、进入的速度异常缓慢或进入途中出现报错（需在不同地点的多台计算机上验证）、页面上显现乱码或局部内容缺失等，都要向 ISP 方的网管及时报告，请求其在服务器端进行检验，确定故障的具体原因。如果遭到黑客入侵或病毒感染应立即暂时关闭服务器，进行专项清理；如果是服务器自身发生故障就要进行相应检修，清理完毕或排除故障后再通过复制镜像备份或局部重传来恢复网页。

3. 网页的优化

随着网页制作技术的提高，功能强大而版面复杂的网页会越来越多，网页的代码量会大增，浏览速度就会受到影响，出错的概率也将增加。如果将网页中的一些冗余代码进行省略、简化或归并等处理，就可使网页“瘦身”而得以优化。

FrontPage XP 提供自动进行网页优化的功能，可以随时对已编辑完成的网页进行优化处理。但为了防止在优化后产生兼容性问题，最好在整个站点建成并发布后，完成全面测试并排除所有错误，再来进行优化。这时还可对整个站点的网页文件一同进行批量优化，以提高效率。

在进行优化前，要关闭本站点中所有正处于打开状态的网页文件，最好重新启动 FrontPage XP，再打开站点文件夹，并开启文件夹列表窗口。

单击菜单栏上的“工具”→“网页优化”，即出现如图 5—17 所示的“网页优化”对话框。如果网页全部是由 FrontPage XP 编辑而成的，可将“优化方法”下的四个项目全部勾选；如果有其他工具软件参与编辑网页，则“省略缺省属性值”项最好不勾选，“压缩合并标记”项最好在备份有关网页文件后再勾选，以备发生兼容性问题后仍可复原。

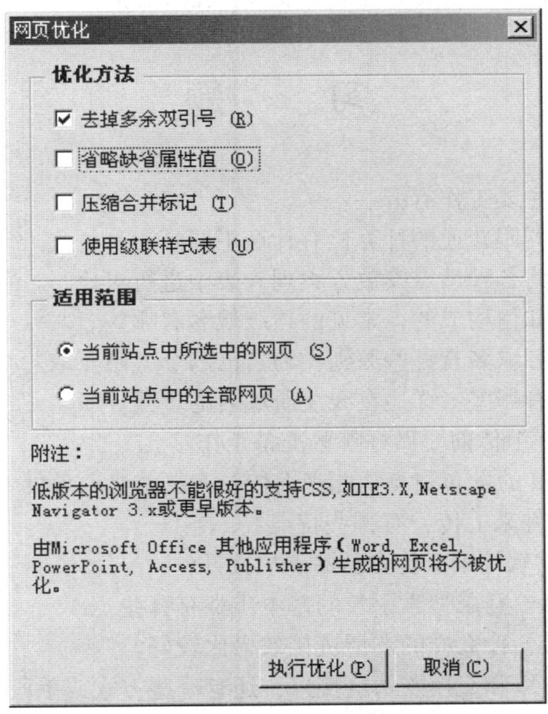

图 5—17　“网页优化”对话框

然后点选“适用范围”下的两个选项中的一项，如果选择“当前站点中所选中的网页”，则要到站点文件夹列表中去选出要优化的网页文件。如果站点文件夹中的子文件夹比较多，最好选择“当前站点中的全部网页”来优化。

最后单击“执行优化”按钮，将出现显示优化进度的提示框，全部优化工作完成后，将出现一个告知优化率（代码被精简的百分比）的对话框。要注意，优化完成后的文件存盘是自动进行的，并无存盘前选择取消的机会。优化后须立即将全站点的网页都浏览一遍，完全无误后再上传服务器。

4. 网页的更新

一个能长久吸引浏览者到访的网站必须不断更新，包括时常进行的内容更新和每过一段时期进行的改版更新。

在做网页更新的编辑工作前，应在本地机上将原来的站点文件夹或其内要被更新的某个子文件夹做一份完整备份。在编辑工作中，应将废弃的文件删除，以免成为垃圾混杂在更新后的文件夹中。编辑工作完成后，须仔细检查所修改或新建的文件与周边文件的链接关系和相对位置是否正确，然后进行上传工作。

如果只是修改或新增局部文件，采取向服务器原文件夹中直接覆盖式上传的方式即可。如果变动的范围较大，如改版式更新牵扯到站点结构的调整，则最好先将服务器上的相关原文件夹删除，再将改好的新文件夹整个上传。上传工作完成后仍要对整个站点进行一番细致的在线测试，以便发现和纠正在编辑过程中难以显现的错误。

习　　题

1. 站点发布阶段的主要工作有哪些？
2. 安放站点的服务器跟普通的计算机有什么不同？
3. 制作一个表格，将各种站点安放方案列入表中进行对比。
4. 举例说明域名是如何构成的，常见的顶级域名有哪些。
5. 域名的类型选择和取名有哪些原则？为自己的个人站点取一个域名。
6. 注册域名的方法有哪些？详述在线注册域名的步骤。
7. 什么是“上传”？上传前要做好哪些准备工作？
8. 应用 FrontPage XP 的发布站点功能来上传，有哪些必要条件？
9. 使用 FTP 工具软件来上传，有哪些特点？
10. 怎样用 FTP 工具软件来上传自己站点的文件？
11. 什么是搜索引擎？登录搜索引擎的基本步骤有哪些？
12. 什么是友情链接？什么样的友情链接效果比较好？
13. 除了登录搜索引擎和交换友情链接外，还有哪些方式或手段可以宣传自己的网站？
14. 新上传的网页为什么要进行测试？网页测试的基本要求有哪些？
15. 为什么有的网页在编辑制作时所插图片的显示都很正常，而上传到服务器上却出现缺图错误？
16. 对网页安全的威胁来自哪些方面？怎样维护网页安全？
17. 在网页更新工作中要注意什么？

第 6 章　其他网页制作工具简介

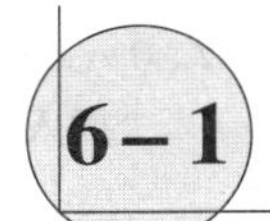

6-1 高级网页制作工具 Dreamweaver

一、Dreamweaver 的功能特点

FrontPage 虽然操作简便，易于上手，可作为了解网页制作原理和基本方法的入门学习工具使用，但随着互联网技术的不断发展，在网页制作上新的需求、新的技术方法层出不穷，FrontPage 已难以适应当前网页制作的需要。目前在实际应用中，多使用 Dreamweaver 等专业的高级网页制作工具。

Dreamweaver 由 Adobe 公司推出，目前最新的版本为 Dreamweaver CC 2018，这款软件因其界面友好、功能强大、易于操作等特点，在网页设计制作中得到了广泛应用。Dreamweaver 兼顾创建网站和管理网站两大功能，既可以用可视化的方式快速生成跨平台及跨浏览器的网页和网站，又拥有强大的管理功能。Dreamweaver CC 的编辑界面如图 6—1 所示。

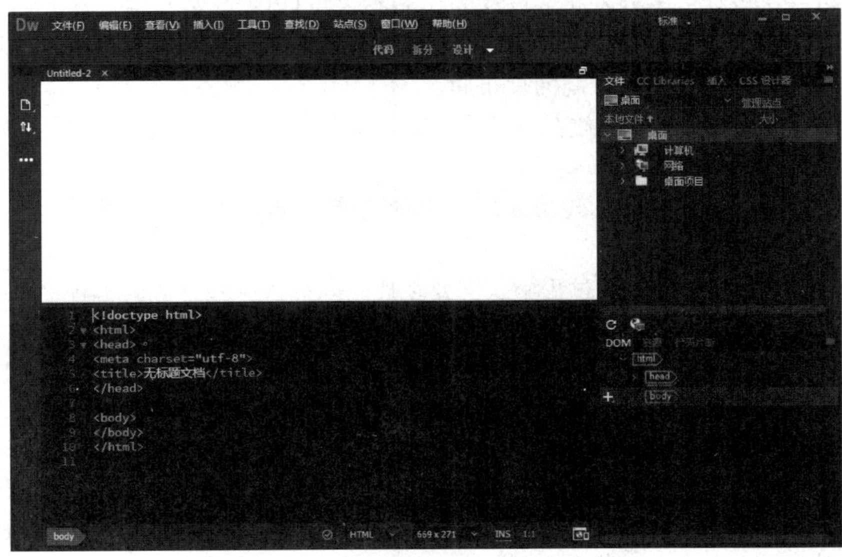

图 6—1　Dreamweaver CC 的编辑界面

与 FrontPage 类似，Dreamweaver 支持在网页中灵活插入文本、图像、多媒体、超链接等元素。对于多媒体元素，除了图片、音乐、Flash 动画等传统素材类型外，还支持当前流行的 HTML5 音视频、Edge Animate 作品等。Dreamweaver CC 的“插入”面板如图 6—2 所示。

图 6—2　Dreamweaver CC 的“插入”面板

Dreamweaver 除了和 FrontPage 一样支持使用表格布局页面外，还支持当前流行的应用 Div + CSS 技术布局网页。

CSS（Cascading Style Sheet，级联样式表）是一种对 Web 文档添加样式的简单机制，也是一种表现 HTML 或 XML 等文件样式的计算机语言。CSS 是网页排版和风格设计的重要工具，是网页设计制作中相当重要的一环。CSS 的主要特点有可实现网页显示控制与显示内容的分离，有效控制页面的布局，制作出的网页体积更小，可以快速便捷地维护、更新大量网页等。

Div 全称 Division，意为“区分”，是用来为 XHTML 文档中的块内容设置结构和背景属性的元素。它相当于一个容器，由起始标签 <Div> 和结束标签 </ Div> 之间的所有内容来构成这个块。在它里面可以内嵌表格（table）、文本（text）等其他 XHTML 代码。其中所包含的元素特性由 Div 标签的属性来控制，或使用样式表格式化这个块来控制。

作为最新的网页布局方式，“Div + CSS”技术具有其他布局方式所不具备的优势。

（1）使用“Div + CSS”技术制作的符合 Web 标准的网站代码简洁，具有容易被搜索引擎搜索到的优势。

（2）使用“Div + CSS”技术制作的网站改版更加方便简单，很多问题只需要改变 CSS 而不需要改动程序。

（3）可以一次设计，多处发布。设计的作品不仅可以用于 Web 浏览器，还可以发布在其他设备或软件上。

（4）可以更好、更轻松地控制网页布局。

（5）将设计部分剥离出来，放在一个单独的样式表文件中，可以减少网页无效的可能性。

（6）布局灵活性大。

（7）以前一些必须通过图片转换才能实现的功能，现在只用 CSS 就可以轻松实现，从而加快了网页的下载速度。

在 FrontPage XP 制作网页的过程中，常要在代码间插入一些外源脚本程序来产生较复杂的动态效果。涉及脚本的编辑工作很不直观，而 Dreamweaver 为解决这一薄弱环节提供了特有的“行为”功能，就是预先将众多脚本程序封装到自带的函数库中，需要应用脚本（即设置“行为”）时能够通过方便直观的菜单操作插入到网页中。“行为”是由“事件”和“动作”两个要素构成的。事件是引发动作的前提，动作则产生所需的动态效果。例如，某行为是当鼠标悬停在某幅图像上时就自动交换为另一幅图像，则鼠标悬停就是事件，而交换图像就是该事件所引发的动作。设置行为的操作是在“行为”面板中进行的。Dreamweaver CC 的“行为”面板如图 6—3 所示。

前面章节中使用 FrontPage 制作的网页，发布之后，每一个页面都是实际保存在服务器上的独立文件，这类网页属于静态网页。静态网页的内容相对稳定，容易被搜索引擎检索，但因为没有数据库的支持，在网站制作和维护方面工作量较大，当网站信息量很大时完全依靠静态网页制作方式比较困难，而且静态网页的交互性较差，在功能方面有较大的限制。与静态网页相对应，还有一类网页实际上并不是独立存在于服务器上的完整网页文件，只有当用户请求时服务器才返回一个完整的网页，称为动态网页。动态网页以数据库技术为基础，可以大大降低网站维护的工作量，采用动态网页技术的网站可以实现更多的功能。

动态网页一般使用 “HTML + 数据库 + ASP/JSP/PHP” 等技术来实现。Dreamweaver 软件支持动态网页的开发制作。

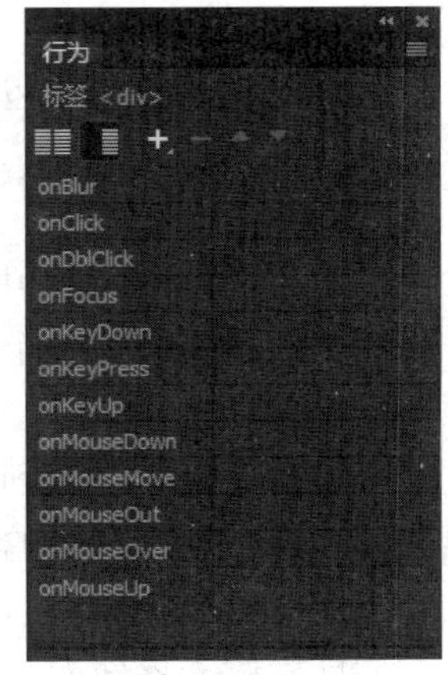

图 6—3　Dreamweaver CC 的“行为”面板

二、Dreamweaver CC 的操作界面简介

Dreamweaver 是当前主流的网页制作工具，其功能也随着技术的发展不断更新，作为专业的网页设计制作人员，有必要熟练掌握这一工具的使用。下面简要介绍最新的 Dreamweaver CC 的操作界面。

打开 Dreamweaver CC，可以看到欢迎界面、菜单和属性检查器。若要新建一个 HTML 格式的网页，可通过依次单击菜单栏的“文件” → “新建” 选项来创建。Dreamweaver CC 的操作界面如图 6—4 所示。

图 6—4　Dreamweaver CC 的操作界面

1．菜单栏

菜单栏显示的菜单包括文件、编辑、查看、插入、工具、查找、站点、窗口、帮助等菜单项。

2．文件选项卡

在 Dreamweaver CC 中，对文件采用了选项卡显示方式。当打开多个文件时，默认情况下这些文件会集中在一个窗口中显示，每个文件的名称以选项卡的方式显示。

3．文档窗口

文档窗口显示当前创建和编辑的网页文档。用户可以在设计视图、代码视图、拆分视图中进行切换，查看页面的设计效果和 HTML 代码。

4．工具栏

工具栏位于界面左侧，列出了 Dreamweaver 中常用的工具按钮，以提高用户的工作效率。

5．属性检查器

属性检查器用于查看和编辑所选对象的各种属性。属性检查器中的内容根据选定元素的不同会有所不同。

6．各类面板

Dreamweaver 中的众多功能都通过"面板"的形式提供，用户可根据使用需要，通过菜单栏中的"窗口"菜单设置显示或隐藏各个面板。常用的面板有"文件""插入""代码片段"等面板。

(1)"文件"面板。"文件"面板用于管理组成站点的文件和文件夹，类似于 Windows 中的资源管理器功能。

(2)"插入"面板。"插入"面板包含用于创建和插入对象的按钮。当鼠标移动到一个按钮上时，会出现一个工具提示，其中含有该按钮的名称。这些按钮被分配到几个类别中，可以在插入面板的上方切换它们。当前文档包含服务器代码时，还会显示其他类别。当启动 Dreamweaver 时，系统会打开上次使用的类别。

(3)"代码片段"面板。可让用户跨不同的网页、站点和不同的 Dreamweaver 安装保存和重复使用代码片段（使用同步设置）。

工具栏和面板等的显示位置都较为灵活，除了默认的显示位置外，还可通过拖动使其悬浮于软件操作界面之上，或拖动到左侧、右侧或底部，使其吸附到界面边缘。

6-2 网页图像制作工具 Photoshop

一、Photoshop 的功能特点

Photoshop 常被简称为"PS"，是由 Adobe 公司开发的跨越 PC 和 MAC 两界的图像处理

软件。它功能强大，操作界面友好，得到了很多开发厂家的支持，同时也得到了广大用户的好评。Photoshop 主要用来处理由像素组成的数字化图像，其主要功能可分为图像编辑、图像合成、校色调色及特效制作等。Photoshop 目前最新的版本是 Photoshop CC 2018。

Photoshop 作为一款功能强大的软件，可以实现众多图像处理功能，既可以利用现有素材直接制作图像作品（如图 6—5 所示的使用 Photoshop 制作的海报），也可以根据需要对图片素材进行加工、修改、美化等工作。

以下是几个使用 Photoshop 进行图像处理的实例。

图 6—6 所示为使用修饰工具修复衣服上污渍的效果。

图 6—5　使用 Photoshop 制作的海报

图 6—6　使用修饰工具修复衣服上污渍的效果

图 6—7 所示为通过颜色调整使照片变得清晰明亮的效果。

图 6—7　通过颜色调整使照片变得清晰明亮的效果

在 Photoshop 中，图层是一项非常重要的功能，在处理图像时，所进行的各种操作都与图层有关，在不同图层上所做的编辑修改不会互相影响，从而为图像处理提供了巨大的便利。通过对图层进行各种编辑操作，然后将它们一层层叠加起来就能构成精美的图像作品。如图 6—8 所示为借助图层样式功能在荷叶上制作出逼真的水珠效果。

Photoshop 还提供了一个称为“蒙版”的工具，它是一个在原图基础上加上的看不见的图层，用于实现显示或遮盖原来的图层，控制原图层的透明度等。图 6—9 所示为利用图层蒙版更换照片背景的效果。

图 6—8　借助图层样式功能在荷叶上制作出逼真的水珠效果

图 6—9　利用图层蒙版更换照片背景效果

滤镜也是 Photoshop 中常用的一类工具，主要用来实现图像的各种特殊效果，如渲染、模糊、颗粒化、风格化、杂色等，可以做出各种各样奇特的艺术效果，变化非常丰富，是作图不可缺少的工具。图 6—10 所示为利用渲染滤镜绘制的火焰效果。

在网页设计制作中，Photoshop 还常被用于以下场合。

1. 设计网站 logo

网站 logo 是一个网站的形象标志，精美的 logo 能更好地体现一个网站的内涵。利用 Photoshop 可以设计出网站所需的各种 logo。在设计过程中主要涉及新建文件、选取工具的使用、填充选取框、选取框的羽化效果和调整边缘的设置、输入文本等。

图 6—10　利用渲染滤镜绘制的火焰效果

2. 设计网站导航栏

网站导航栏是网页设计中不可缺少的部分，导航栏的目的是让网站的层次结构以一种有条理的方式清晰展示，并引导用户毫不费力地找到信息并管理信息，让用户在浏览网站过程中不致迷失。

3．设计网站 banner

网站 banner 是网站广告最直接的表现形式，通过网站 banner 的设计可突出强调网站的内容。

4．设计网站页面

Photoshop 可实现可视化的操作，可以让设计师更方便地进行设计。因此，现在大部分网页设计工作都使用 Photoshop 完成，它不仅可以用于网页设计和平面设计，还可以制作 GIF 动画以及 3D 效果图。

5．Photoshop 切片工具

Photoshop 的切片工具能根据需求截出图片中的任何一部分，同时一张图上可以截取多个区域。Photoshop 的切片在保存时能将所切的各个部分分别保存为一张图片，完全区分开来。设计好一个网页后，可利用切片工具截出图片中的任何一部分，导出切片后，利用 Dreamweaver 最后加以优化，直至完成网页的制作。

二、Photoshop CC 的操作界面简介

Photoshop 作为制作网页设计的平台，起着至关重要的作用。下面简要介绍如图 6—11 所示 Photoshop CC 的操作界面。

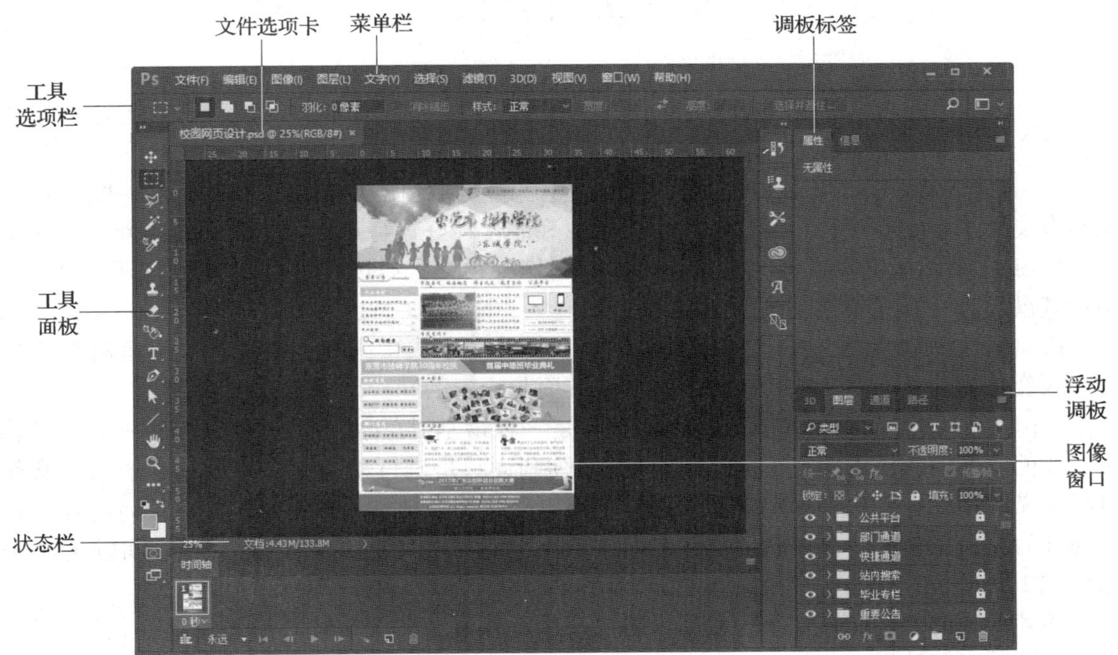

图 6—11　Photoshop CC 的操作界面

1．工具面板

启动 Photoshop CC 时，默认情况下工具面板会显示在工作界面的左侧。

2．文件选项卡

在 Photoshop CC 中，对文件采用了选项卡显示方式。当打开多个文件时，默认情况下这些文件会集中在一个窗口中显示，每个文件的名称以选项卡的方式显示。

3．图像窗口

图像窗口是创建新文件或打开图像时显示的窗口，其作用相当于绘图纸，可以对图像进行编辑处理。

4．浮动调板

浮动调板是用于配合图像编辑、查看以及设置 Photoshop CC 各项功能的窗口。常见的调板有颜色调板、色板调板、调整调板、蒙版调板、图层调板和通道调板等。

5．状态栏

状态栏位于图像窗口的底部，用于显示图像文件的显示比例、文件大小、操作状态和提示信息等。

6．菜单栏

Photoshop CC 将所有的功能命令分类后，分别放入 11 个菜单中。单击某一菜单便会出现一个下拉菜单。

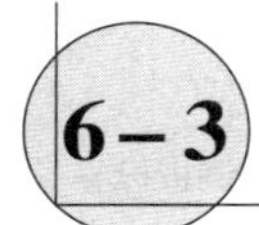

6-3 网页动画制作工具Flash

一、Flash 的功能特点

Flash 是 Adobe 公司出品的一款矢量图形编辑和动画制作软件。Flash 制作出的图形和动画具有文件小、交互性强、无损放大、带音效和兼容性好等特点，深受人们的喜爱。

Flash 主要用于网页设计、游戏和多媒体制作等领域，通过它可以制作出不同形式的动画，其已成为交互式矢量动画的标准之一。

Flash 二维动画是通过输入和编辑关键帧，计算和生成中间帧，定义和显示运动路径及交互式变化画面，产生一些特技效果，实现画面与声音的同步。

Flash 支持多种动画制作方式。逐帧动画是一种最基础的动画，它的制作是一帧一帧绘制完成的。所谓帧，即构成 Flash 动画的一系列画面，是进行动画制作的最基本单位。没有进行定义的帧称为空白帧；定义了动画变化、更改状态的帧称为关键帧；没有任何内容的关键帧称为空白关键帧。在 Flash 软件界面中，不同的帧以不同的标记显示在时间轴上，如图 6—12 所示。

逐帧动画的制作比较复杂，常用于表现一些动作复杂、无规律、形态发生变化的对象，例如模拟写字等效果。

对于有一定运动规律的动画效果，可采用补间动画完成。这种动画制作过程简单，只需要制作两个关键帧上的动作，中间部分由计算机自动运算而得到，能最大限度地减小生成文件的大小。补间动画可以实现如小球运动、电子相册、风车旋转等多种运动效果。

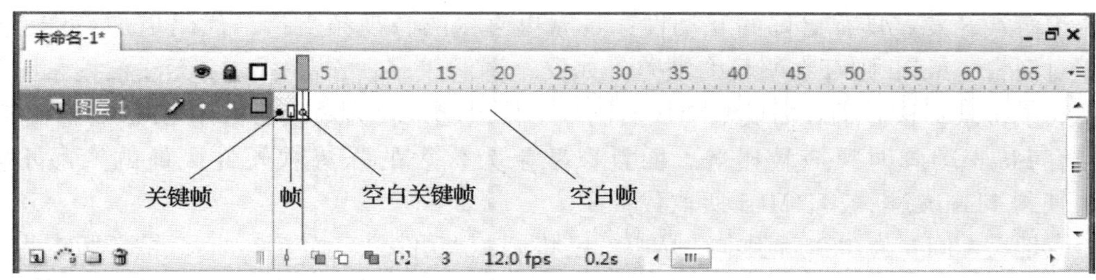

图6—12　时间轴上的帧

引导层动画是另一种基本动画，它由引导层和被引导层两个图层实现。在引导层中绘制对象的运动路径，在被引导层中制作补间动画，并分别将运动对象移动到路径的起点和终点上，从而产生对象的运动效果。引导层动画是一种实现对象沿着曲线或不规则路径运动的简便方法，可实现如蝴蝶飞舞、雪花飘落等运动效果。

遮罩动画是Flash中另一种重要的动画类型，很多动画特效都可通过遮罩来完成。遮罩动画也需要两个图层，透过遮罩层上对象的形状来显示被遮罩层中的内容。遮罩层上对象的形状相当于一个“视窗”，被遮罩层中的内容透过这个“视窗”显示出来，“视窗”之外的内容则不会显示。遮罩动画可实现百叶窗、放大镜等效果。

为提高动画制作效率、减小文件体积，Flash还引入了元件、实例和库等概念。元件是构成动画的基础，可以重复使用，不必反复制作相同的对象。每个元件都是一个小的动画片段。元件有图形元件、影片剪辑元件和按钮元件三种类型。实例是元件在舞台上的一个副本，实例来源于元件，但每一个实例又都有自身的、独立于元件的属性。在Flash中，所有可以重复使用的元素都放在库中，包括从外部导入的图像、声音，创建的图形元件、按钮元件以及影片剪辑元件。库是存放素材的地方，也是资源共享的场所。

Flash动画作品具有播放速度快、交互性强、视觉冲击力好等特点，被广泛应用于网站设计中，较为常见的应用场合包括网页banner（见图6—13）和页面广告等。

图6—13　网页banner效果图

除了应用于网页中，Flash还可制作独立文件形式的动画作品，如动画短片、MTV等。另外，由于支持了ActionScript这一面向对象编程的脚本语言，Flash作品还可具有较强的交互性，可用来制作各类小游戏。

近年来，随着HTML5标准的兴起，Flash已日渐没落。HTML5的优势主要有：具有统一的网络标准；支持跨平台、多设备使用；作品中的内容可被搜索引擎抓取和收录，利于检索；便于游戏开发；具有更好的互动性；具有更直接的音视频支持；代码更加简洁、清晰等。相对而言，Flash 则存在明显的缺陷，如安全漏洞较多；作品中文字无法被搜索引擎识别，不利于检索；核心动画需要专业人员制作，修改起来较为烦琐；占用 CPU 资源比较大，页面含有 Flash 动画时反应较慢等。而且以苹果为代表的强势软硬件厂商的产品不支持 Flash，使得 Flash 逐渐被 HTML5 所取代。

相应地，Adobe 公司在新版本产品中，已将 Flash 软件更名为 Animate，最新版本为 Adobe Animate CC 2018。Animate 除维持原有 Flash 开发工具支持外，新增了 HTML5 创作工具，可为网页开发者提供更适应现有网页应用的音频、图片、视频、动画等创作支持。

二、Flash CC 的操作界面简介

打开 Flash CC，在开始页面中选择“创建”栏下的“Action Script 3.0”，即可创建一个空白文档，界面如图 6—14 所示。

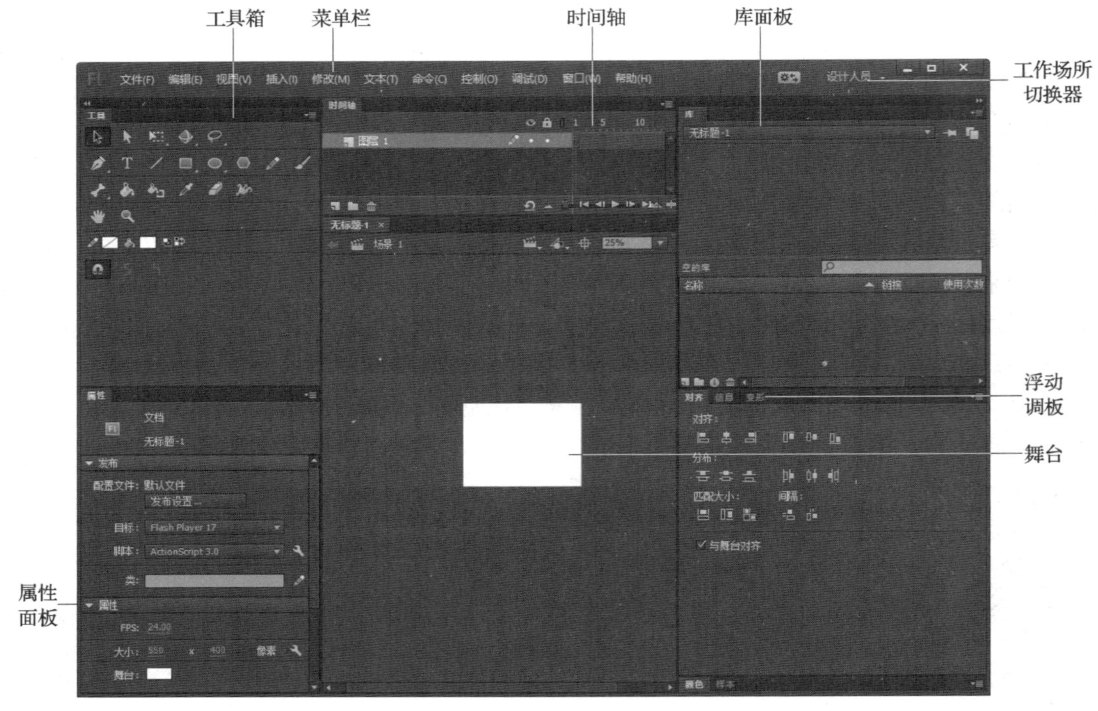

图 6—14　Flash CC 操作界面

1. 菜单栏

与许多应用程序一样，Flash CC 的菜单栏包含了绝大多数通过窗口和面板可以实现的功能。尽管如此，某些功能还是只能通过菜单或者相应的快捷键才可以实现。

2. 时间轴

“时间轴”面板由显示影片播放状况的帧和表示阶层的图层组成。“时间轴”面板是 Flash 中最重要的部分，它控制着影片播放和停止等操作。Flash 动画的制作方法与一般的动

画一样，是将每个帧画面按照一定的顺序和速度播放，反映这一过程的正是时间轴。图层可以理解为将各种类型的动画以层级结构重放的空间。如果要制作包括多种动作或特效、声音的影片，就要建立放置这些内容的图层。

3. 工具箱

工具箱包括一套完整的 Flash 图形创作工具，与 Photoshop 等其他图像处理软件的绘图工具类似，其中放置了编辑图形和文本的各种工具，利用这些工具可以进行绘图、选取、喷涂、修改及编排文字等操作，有些工具还可以改变查看工作区的方式。选择某一工具时，其对应的附加选项也会在工具箱下面的位置出现，附加选项的作用是改变相应工具对图形处理的效果。

4. 舞台和工作区

舞台是用户在创作时观看自己作品的场所，也是 Flash CC 中最主要的可编辑区域。在舞台中可以直接绘图或者导入外部图形文件进行编辑，再把各个独立的帧合成在一起，以生成最终的电影作品。与电影胶片一样，Flash 影片也按时间长度划分为帧。舞台就是创作影片中各个帧的内容的区域，可以在其中直接勾画插图，也可以在舞台中安排导入的插图。对于没有特殊效果的动画，在舞台上也可以直接播放，而且最后生成的 swf 格式的文件中播放的内容也只限于在舞台上出现的对象，其他区域的对象不会在播放时出现。

工作区是舞台周围的所有灰色区域，通常用作动画的开始和结束点的设置，即动画过程中对象进入舞台和退出舞台时的位置设置。工作区中的对象除非在某个时刻进入舞台，否则不会在影片的播放中看到。

5. 属性面板

属性面板中的内容不是固定的，它会随着选择对象的不同而显示不同的设置项。

习　　题

1. 什么是行为？举例说明行为由哪些要素构成。
2. 什么是逐帧动画？
3. 简述 Photoshop 和 Flash 的功能特点。